U0299230

 中外学者
论AI

Meta Learning
学习者手记

王文峰 主编

阮俊虎 黄发明 周牧 王海洋 副主编

清华大学出版社
北京

内 容 简 介

本书选择以 Chelsea Finn 创立的模型无关元学习算法程序为主线,系统研究 Meta Learning 过程中的联合训练问题、任务构建问题、过程建模问题、输入输出问题和应用拓展问题。本书共 5 章,前两章采用释义代码分析元学习的基本问题,从第 3 章开始侧重对原始代码的分析。为确保零基础的读者能快速上手,前 3 章的代码注解极为详细,同时循序渐进地引导读者完成编程平台搭建与开发环境配置。第 4 章和第 5 章重点引导读者形成元学习的编程思维,并进一步定义相关算法的学习过程。本书内容通俗易懂,对人工智能感兴趣但缺少专业指导的读者,开篇即可轻松入门,在较短时间内即可收获进步的喜悦。

本书可作为高等学校本科生和研究生的教材,也可作为 Python 人工智能技术研究的重要参考资料。通过本书的指引,可快速领悟 Meta Learning 过程中的建模思路、算法思想、最优化方法和元优化机制,从而打下扎实的人工智能研究基础。

图书在版编目(CIP)数据

Meta Learning 学习者手记/王文峰主编. -- 北京:清华大学出版社,
2025.2. -- (中外学者论 AI). -- ISBN 978-7-302-68412-1

Ⅰ. TP181

中国国家版本馆 CIP 数据核字第 2025M3C240 号

责任编辑:王　芳
封面设计:刘　键
责任校对:王勤勤
责任印制:刘　菲

出版发行:清华大学出版社
　　　　网　　　址:https://www.tup.com.cn, https://www.wqxuetang.com
　　　　地　　　址:北京清华大学学研大厦 A 座　　　邮　　编:100084
　　　　社 总 机:010-83470000　　　　　　　邮　　购:010-62786544
　　　　投稿与读者服务:010-62776969,c-service@tup.tsinghua.edu.cn
　　　　质量反馈:010-62772015,zhiliang@tup.tsinghua.edu.cn
　　　　课件下载:https://www.tup.com.cn,010-83470236
印 装 者:三河市君旺印务有限公司
经　　销:全国新华书店
开　　本:186mm×240mm　　印　张:9.5　　　　字　　数:210 千字
版　　次:2025 年 4 月第 1 版　　　　　　　印　　次:2025 年 4 月第 1 次印刷
印　　数:1～1500
定　　价:49.00 元

产品编号:087516-01

前言
PREFACE

众所周知,人工智能技术正在改变着世界,并已经成为真正的"世纪机遇"。作为一种科学思想,人工智能的起源至少可以追溯到 700 多年前。但是作为一项理论计算,人工智能概念的正式提出应当归功于艾伦·麦席森·图灵(Alan M. Turing)在 1948 年撰写但未发表的论文 *Intelligent Machinery* 以及在 1950 年发表的论文 *Computing Machinery and Intelligence*。这两篇论文点燃了科学家用机器模拟人类智能的梦想,而通用智能则成为这一梦想追求的最高目标。在过去的 70 多年里,人工智能先后经历了"狂热—寒冬—复兴",最终进入了平稳的发展阶段。时至今日,人工智能的概念已经深入人心。ChatGPT 和元学习的异军突起,更加坚定了科学家追求通用智能的信念。

元学习的英文翻译为 Meta Learning,本质是 learning to learn,即学会学习。这是一种面向过程的新型高端机器学习算法,我们团队于 2020 年开始尝试这方面的研究和探索。作为新型高端算法,元学习的研究不仅涉及复杂模型推导,而且涉及大规模编程。在相关课题研究中,团队的编程思维和代码调试能力都经历了非常大的挑战,最终完成了一系列的算法创新。我们和学生一起探索、进步。他们作为团队的生力军,一直都是课题研究的中坚力量。现在他们都已经以优异的成绩毕业,找到了理想的工作,投入了新的研究课题。新的学生又是从零开始,团队急需引导他们形成元学习的编程思维。从编程平台搭建到开发环境配置,给学生们多一些勇气和鼓励,他们最终也将完成对大规模代码的理解与调试。

为了帮助更多的读者,本书选择以 Chelsea Finn 创立的模型无关元学习(MAML)算法程序为主线,为读者设计了循序渐进的阅读体验。全书共 5 章,第 1 章的联合训练问题与第 2 章的任务构建问题是元学习研究的基本问题,建模思路和算法思想通俗易懂,代码注释极为详细,确保读者开篇即可轻松入门。第 3 章的过程建模问题与第 4 章的输入输出问题代表了元学习研究的核心问题,因为已经有了前两章的研究基础,读者仍然可以在较短时间内收获进步的喜悦。第 5 章解释的应用拓展问题是元学习研究的根本问题,元学习过程与人类的学习过程比较相似,在算法程序中体现了学前准备、预习、快速学习等核心环节。

本书特色

(1) 内容通俗易懂。本书贴近初学者的实际情况,完整复现了团队在元学习算法研究初期对代码问题和算法思想的理解。对人工智能感兴趣但缺少专业指导的读者,开篇即可轻松入门,能在较短时间内收获进步的喜悦。

（2）有趣，但不缺乏挑战。元学习过程与人类的学习过程比较相似，是非常有趣的算法。本书从最初级的算法思想开始，循序渐进地帮助初学者全方位、系统理解元学习的有趣过程。同时，也为读者留出了部分思考空间，积极引导读者尝试探索，在挑战中逐步超越自我。

（3）既是放大镜，又是加速器。本书为读者提供了一枚放大镜。透过本书，读者将有能力解释模型无关元学习算法程序的所有细节。作为深度学习的拓展应用，元学习算法的实现涉及一系列高级编程技巧。这些编程技巧是读者成长的加速器，可以在较短时间内形成编程思维，提高编程效率。

致谢

首先对 MAML 算法创始人 Chelsea Finn 的免费授权许可深表谢意！免费授权许可包含在 4.1.2 节内，读者也可在随书赠送的源代码目录中查看。LICENSE 文件（授权许可）的源代码目录中还包含笔者对原创者 Chelsea Finn 的英文致谢视频！为表达对原创代码的充分尊重，遵照原创者 Chelsea Finn 的要求，现将 LICENSE 文件中包含的免费授权许可突出展示如下：

MIT License

Copyright（c）2017 Chelsea Finn

Permission is hereby granted，free of charge，to any person obtaining a copy of this software and associated documentation files（the "Software"），to deal in the Software without restriction，including without limitation the rights to use，copy，modify，merge，publish，distribute，sublicense，and/or sell copies of the Software，and to permit persons to whom the Software is furnished to do so，subject to the following conditions：

The above copyright notice and this permission notice shall be included in all copies or substantial portions of the Software.

THE SOFTWARE IS PROVIDED "AS IS"，WITHOUT WARRANTY OF ANY KIND，EXPRESS OR IMPLIED，INCLUDING BUT NOT LIMITED TO THE WARRANTIES OF MERCHANTABILITY，FITNESS FOR A PARTICULAR PURPOSE AND NONINFRINGEMENT. IN NO EVENT SHALL THE AUTHORS OR COPYRIGHT HOLDERS BE LIABLE FOR ANY CLAIM，DAMAGES OR OTHER LIABILITY，WHETHER IN AN ACTION OF CONTRACT，TORT OR OTHERWISE，ARISING FROM，OUT OF OR IN CONNECTION WITH THE SOFTWARE OR THE USE OR OTHER DEALINGS IN THE SOFTWARE.

再次感谢原创者 Chelsea Finn 的无私分享。这一学术精神值得敬重，同时也需要延续。笔者团队正在开发新的元学习模型，完成后也将无偿分享给读者。

本书复现了团队在元学习算法研究初期对代码问题和算法思想的理解和部分可公开的

讨论结果。这些结果得益于上海应用技术大学、中国科学院、印度国家科学院提供的研究平台,在此郑重感谢相关领导的大力支持。一部分研究生和优秀本科生曾经参与 MAML 算法程序的深入探讨,对他们分享的研究心得表示感谢!

感谢家人,家人的理解和支持一直是我们前行的勇气和动力。

由于编者水平有限,书中不妥或疏漏之处在所难免,欢迎读者批评指正。

编　者

2024 年 12 月

目 录
CONTENTS

第 1 章

联合训练问题

1.1 问题描述

1.1.1 以任务为样本

元学习(Meta Learning)本质是 learning to learn。因此,元学习的终极目标就是通过完成大量学习任务,让模型学会学习,从而能适应新的学习任务,并自主完成新任务。作为机器学习模型,其最终目标也是找到最佳参数,但是与传统机器学习模型存在本质区别。

对于传统机器学习而言,针对一个具体的学习任务,在完成数学建模后,剩下的步骤就是通过迭代、优化和反向传播等学习手段得到最佳模型的参数。这种情形下,机器学习模型的最佳参数只要能在训练集达到最佳的分类和回归精度,并且损失函数值逼近于零,就可以获得预训练模型。预训练模型可以直接应用到测试集和验证集,以进一步检验训练结果的鲁棒性和模型的泛化能力。简言之,传统机器学习只要求模型能在完成某个学习任务的过程中更接近我们的期望值。不同于传统机器学习,元学习旨在提升智能系统的核心能力,主要是加快和加强对新任务的学习能力。

如果着眼于在线学习,传统机器学习模型依赖于普通数据样本的增加和更新,而元学习则依赖于任务样本的增加和更新。智能技术的发展推动着智能系统核心能力的进化,也可以解释为机器脑的进化和发育。元学习正是通过任务样本的增加和更新,使得智能系统有可能在持续积累经验的基础上,完成持续发育。换言之,每增加一个训练样本,在线学习算法就会用该样本产生的损失(loss)和在线梯度下降(或随机梯度下降)对模型再迭代一次。在线学习(online learning)并不是一种模型,而是一种模型的训练方法。该方法的流程是首先将模型的预测结果展现给用户,然后收集用户的反馈数据,再用来更新预训练模型,如此形成闭环的系统。这种方法允许新样本逐个加入训练,帮助智能系统处理样本量巨大的学习任务和在线训练任务。同时,由于在线学习允许用户线上反馈数据,根据这些反馈数据,能快速完成模型的实时调整,使得数据和样本的变化能在预训练模型中得到及时而完整的体现,从而提高在线分类、回归和预测的准确率。元学习是一种类似于在线学习的方法,因为两者的优化目标都是要使得整体的损失函数最小化。但是,由于元学习是以任务为学习样本的,所以又不完全等同于在线学习。正是因为元学习是以任务为学习样本的,因此很自然地涉及对到这些学习任务的联合训练。从这个角度看,元学习又可以理解成为一个联合训练方法。元学习也可以和在线学习整合,形成新的学习系统,称为在线元学习(online Meta Learning)。

1.1.2　面向学习过程

多任务学习并非新鲜事物。在元学习算法被提出之前的多目标优化背景下,已经有一系列联合训练算法被提出。多目标算法在特定情况下具有不可替代的价值,以亚马逊、淘宝、京东、拼多多为例,电商平台需要在用户点击率和用户转化行为(用户点击后决定购买的行为)之间进行权衡,因此都需要一个推荐系统。推荐系统的本质是一个机器学习系统,而评价这个机器学习系统的好坏,首先需要考虑用户对推荐内容感兴趣的程度,具体可以通过用户对推荐内容的点击率、停留时间等进行量化评分。这反映了推荐系统预测的准确度,但并非完整的评分依据。在评分过程中,还需要综合分析推荐系统预测的新颖性、惊喜度和用户决策的实时性、信任度等指标,具体可以通过对用户的收藏、加入购物车等行为进行量化评分。所以多目标优化背景下的评分不是一次性完成的,而是分阶段实现的。最后一个评分阶段至关重要,结合用户的购买、加购或重复购买等行为,完成量化评分。如果单纯地追求点击率,就很容易导致其他后续行为质量的下降。国内主流电商平台都开设了视频栏目,而且其中一部分直播带货视频的确促成了用户的购买行为,这说明视频方式增强了标题、创意上的吸引力,的确对用户造成了有效的视觉冲击。

相较于现有的多目标优化技术,元学习的主要优势是面向学习过程。现有的多目标优化技术,其联合训练的思路是完全以结果为导向的。例如,要实现对视频中的多个目标进行检测和跟踪,只需要同时在目标检测数据集和目标分类数据集上训练。用检测数据集中的样本来学习物体的准确位置,用分类数据集中的样本来增加分类的精细程度。在参数优化的过程中,选择特定的优化器,设置适当的学习率,使用梯度下降法更新权重、多步迭代找到最佳参数,就可以实现多目标检测和跟踪。正是由于通常需要多步迭代才能找到最佳参数,当模型在面对新的学习任务时,学习过程就会比较缓慢。此外,现有的多目标优化算法对数据量的要求也比较高。因为只关注学习结果,因此整个优化的过程体现为权重的更新。需要多次更新权重,才能使训练结果更接近期望值。在训练样本不足的情况下,优化过程中比较容易出现过拟合的问题。元学习以任务为样本,对每一个任务样本而言,侧重于关注该任务的学习过程,而非学习结果。也就是说,元学习算法的初衷是要去学会学习新的任务,而不是直接去完成某个或多个特定的学习任务。元学习的结果是模型获得了类似于学习方法、学习技巧的知识,从而在本质上提升了模型学习新任务的能力,在一定程度上解决了学会学习的问题。

元学习模型的优化过程,首先是针对各种学习任务进行训练,然后针对任务分配的最佳性能进行优化。其中,每个任务的具体学习过程可采用传统机器学习方法,这个学习任务与一个训练集、测试集、验证集相关联,当然也包含特征向量和真实标签。作为面向学习过程的模型,其学习任务包含了其他看不见的学习任务,以确保模型能快速适应新的学习任务。

1.1.3 快速适应新任务

元学习的数据集包括两部分：一个是支持集，用于完成学习过程；另一个是查询集，用于检验和提升学习能力，以确保模型能快速适应新的学习任务。为了便于描述，假设每个任务的支持集包含 N 个类，而每个类又包含 K 个样本。此时，对于元学习的任务分配结果，可以理解为最终将产生一批 N-way-K-shot 的分类任务。K 值一般较小，通过小样本学习的方式，可实现快速学习。

小样本学习的目标是为快速学习提供简单且有效的支持。这种情况下，对于未知标签的数据样本，元学习模型将在学习过程中直接伪造标签，并减少由此产生的预测误差。为了能快速适应新的学习任务，通常也需要避免将所有标签暴露给模型，允许模型在学习过程中生成部分带有伪造标签的样本。这使得元学习模型的训练过程类似于人类的推理学习过程。借助小样本学习手段，同时对学习流程进行相应的修改和微调，元学习模型就具备了快速学习的基础，如图 1-1 所示。

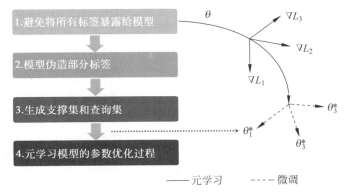

图 1-1 小样本元学习的具体过程

元学习模型的框架（backbone）一般是深度学习模型。因此，元学习的研究方向也可以解释为深度学习研究方向的一个分支。元学习不仅要从过去的经验中学习超参数，而且要学习策略的先验信息。作为深度学习模型的拓展，元学习模型还需要一个基础学习器，也称为元学习器。元学习器可以是支持向量机、K-means 聚类等简单的机器学习模型，也可以是复杂的深度学习模型。在学习过程中，模型将一系列任务分配给元学习器，然后元学习器使用过去的经验来学习良好的先验知识。这种学习模式使得元学习模型能快速适应当前分配的新任务。

1.2 建模思路

1.2.1 局部最优模型

众所周知，人类的认知系统以大脑为中心。因为在大脑中存在先验知识，所以人类就具备了从少量的数据中学习到规律的神奇能力。从这个角度理解，元学习数据集中的支撑集（support set）也可以理解为参考集（用于学习到可参考的先验知识），查询集（query set）也可以理解为测试集。小样本学习常用的技巧是"预训练＋微调"，在大数据集上完成模型的预训练，然后在小数据集上对权重系数进行微调。元学习过程中，由于采用了小样本学习方式，因此每个任务只需要依赖少量标签的数据集，同时也确保了任务的多样性，但同时也出现了两个新的问题。

第一个问题是，由于采用了小样本学习方式，其训练得到的有可能是局部最优模型，而非全局最优模型。小样本元学习的实质是从少量样本中快速学习完成一批任务，完成初始参数的更新。对于一个新学习任务，元学习模型的优化系统（可简称为元优化）可以从更新后的初始参数出发，通过自我微调，快速适应这个新任务，并快速实现对初始参数的微调。因为元学习模型在训练过程中并没有考虑这一新任务，所以这个微调结果有可能只是新任务对应的局部最优参数。

特别是在样本数量只有个位数的情况下，元学习系统很容易陷入局部最优。因此，才有必要在训练阶段先学习一组初始参数，避免模型收敛过慢或陷入局部最优。只要给元学习模型提供足够的先验知识，就可以根据先验知识不断修正初始化参数，以快速适应不同种类的任务样本。

第二个问题是，任务多样化会直接增加损失函数的复杂程度，进而增加模型收敛的难度。为了降低难度，需要在预训练阶段先学习一组初始参数；在微调阶段，通过在这组初始化参数基础上进行少量的几步梯度下降，就能找到较优的参数。

1.2.2　全局最优模型

为了解决上述两个问题，学者们提出了模型无关的元学习方法，简称为模型无关元学习。模型无关元学习（Model-Agnostic Meta Learning，MAML）旨在为元学习模型提供一种通用的快速学习方法。传统机器学习的过程是在拟合一个数据的分布，而元学习过程则是在拟合一系列类似任务的分布。MAML在元学习的训练过程（可简称为元训练）中引入样本分布的概念，即在该阶段同时考虑所有类型的样本分布。在面对新的学习任务时，新任务的样本分布类型已经在预训练过程中被考虑到，因此就降低了微调的难度，并使得模型更接近全局最优。

具体的解决方案是，先把一个批（batch）中的每个任务样本都训练一遍，然后回到原始位置，对这些任务的损失进行综合判断，再选择一个适合所有任务的方向。

如前所述，元学习系统是面向学习过程的机器学习系统。在元训练过程中，无须关注模型在完成每个学习任务时的表现。因为已经有总体损失函数对其做统一的约束，所以只需要关注元优化得到的初始参数。具体而言，就是这些初始参数能否在自主微调后，适用于新的学习任务。

传统的预训练模型关注的是当前任务学习过程中的模型能不能达到最优，但是元训练关注的则是经过微调以后能不能快速适应新的学习任务。全局最优的建模思路使得元训练在根本上区别于传统的预训练模型。这种建模思路关注的是，如何帮助元学习模型找到一组适应性很强的权重系数。

　　这些权重系数经过少数几次梯度下降，就可以很好地适用于新的任务。无论何种复杂的元学习模型，其训练的目标都是如何找到这些权重系数。根据 MAML 的建模思路，可以先由元学习系统随机初始化一个权重系数，借助一个循环，完成对一个 batch 中所有任务的训练。首先，通过前向传播计算梯度，然后利用反向传播更新权重系数，最终得到元训练模型。

　　这种全局最优模型的建模思路，如图 1-2 所示。

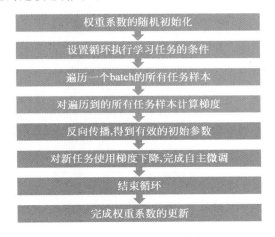

图 1-2　全局最优模型的建模思路

1.2.3　模型前置代码

　　元学习系统是在深度学习系统基础上的应用拓展，模型训练代码涉及大规模编程。为了帮助读者循序渐进并最终达到深入理解代码和算法模型细节的目标，在本书的第 1 章开始尝试展示并解释部分核心代码细节。在此之前，有必要先简略介绍一下相关的编程工具 Python，但考虑到读者思维的连续性，关于 Python 安装配置的冗长细节，将分散在后续章节解释。

　　首先，介绍 Python 编程的两个集成开发环境 Anaconda 和 PyCharm。集成开发环境（Integrated Development Environment，IDE）为 Python 提供了代码设计、调试应用程序的环境，包括代码编辑器、编译器、调试器和 GUI（图形用户界面）等工具。Anaconda 由 Continuum Analytics 公司维护和支持，包含 Conda、Python 以及一些其他安装好的工具箱（也可称为库、包等，总计有 350 多个包）及其依赖项。PyCharm 是由 JetBrains 公司打造的一款 Python IDE，而 JetBrain 是一家专注于创建智能开发工具的前沿软件公司。PyCharm 拥有一整套可以帮助用户在使用 Python 语言开发时提高其效率的工具，比如调试、语法高亮、项目管理、代码跳转、智能提示、自动完成、单元测试、版本控制。此外，本章和第 2 章介绍如何搭建 Anaconda 环境，在第 3 章介绍 PyCharm 开发环境的配置。

安装完成 Anaconda，就相当于把 Python 和一些常用库（如 NumPy、Pandas、Scrip、Matplotlib 等）都自动安装好了，使得比常规的 Python 安装要容易。因为 Anaconda 包含了大量已安装好的库，所以它的下载文件也比较大（最新版大小为 1GB），如果只需要某些特定的库，或者需要节省带宽或存储空间，也可以使用 Miniconda 这个较小的发行版（仅包含 Conda 和 Python）。

根据 MAML 的建模思路，该模型训练的核心代码及其细节注释如下。

```python
def train_on_batch(self, mytrain_data, inner_optimizer, inner_step, outer_optimizer = None):
# def 是 definition 的简写，这里定义了一个函数 train_on_batch()。函数名 train_on_batch 的
# 含义就是在 batch 上训练，以便遍历其中的任务
# 该函数有 5 个输入参数，分别为 self、mytrain_data、inner_optimizer、inner_step、outer_
optimizer = None。有趣的是，Python 将函数的第一个参数看作是实例对象本身，很自然地，这个参
数的名字就写为 self。这是 Python 的语法规定，调用时不用传递该参数，其作用相当于 Java 中的
this，表示当前类的对象，可用于查看当前类中的属性和方法。训练数据 mytrain_data 作为输入是
最容易理解的。inner_optimizer 是内层循环采用的优化器，outer_optimizer 是外层循环采用的
优化器。None 是 Python 中的一个特殊常量，数据类型为 NoneType，即空对象。模型无关元学习将
outer_optimizer 设为 None，给予其最大的自由度，以便找到适应性很强的权重系数。参数 inner_
step 用于约束梯度下降的步数，减少前向传播和后向传播的总次数，避免模型收敛过慢。内层循环
梯度更新的步数为 innter steps，如果梯度下降和更新的过程重复 n 步，那么就会有 inner_step = n
"""

# 在 Python 中使用"""作为代码各模块的注释，用于为模块等添加功能描述信息
"""
        # 第一个模块对上述 4 个参数及 train_on_batch() 函数的输出进行补充解释
        :parameter1. mytrain_data: 训练样本，每个样本都是一个 task
        :parameter2. inner_optimizer: 用于支撑集
        :parameter3. inner_step: 内部更新几个 step
        :parameter4. outer_optimizer: 用于查询集，如无 self，则不更新梯度
        :return: 函数返回值是在查询集上计算的 loss
        # 注意，上述以冒号开头的 5 行均为注释，调试时，冒号后的代码不会被执行
"""
# 第二个模块定义权重系数及其优化效果的评价指标
"""
mybatch_acc, mybatch_loss = [], []
# 对在训练集上计算的精度做初始化定义
# 联合训练的训练集是一批任务，任务构建问题将在第 2 章进行说明
# 对在训练集上计算的损失做初始化定义
metatask_weights = []
# 与学习任务对应的权重系数
"""
# 第三个模块是获取 learned_weights，将在第四个模块中被设置为模型的初始权重系数
"""
learned_weights = self.meta_model.get_weights()
# 如前所述，self 是实例对象本身，包含了 meta_model，而模型包含了 get_weights()
```

```
♯上述 3 个模块为 MAML 模型的前置代码
♯其核心代码模块,将在 1.3 节进行描述。结合算法思想,可以获得对代码更深入的理解
```

1.3 算法思想

1.3.1 外层循环算法

元学习模型作为深度学习模型的一个拓展应用,面向学习过程,试图实现类似人类智能的通用智能。只需要通过少量样本,就能迅速准确地学习并掌握同类任务中的关键本质特征,并推广到同类别其他从未见过的新任务上。在样本极少的情况下,通过联合训练,找到最佳参数并实现对新任务的自主微调,这就是模型无关元学习 MAML 的算法思想。

MAML 模型的双层循环架构是其算法思想的具体表现形式。双层循环包括内层循环和外层循环,外层循环是元学习过程,内层循环是自主微调过程。元学习过程是通过在任务分布上采样一组任务,并计算这组任务上的损失函数。体现在代码上,就是在元训练过程中遍历 mybatch 中的每个任务样本,并计算对应 mybatch 的总体损失。内层循环是针对每一个新任务的自主微调过程,这个新任务甚至可以是不可见的未知任务。换言之,双层循环不仅能够从少量样本中快速学习到最佳参数,而且还能够针对新任务快速完成自我微调,以便快速地适应新任务。这种双层循环结构模拟了人类的学习过程——人类通过高效率地联合训练(在一段时期内完成同类别的很多学习任务),在大脑中形成了必要的元知识,遇到同一类学习任务后,就能快速自我微调,从而能快速适应新的学习任务。

1.2 节已经详细介绍了 MAML 模型代码的前 3 个模块,现在接着介绍第四个模块。

```
"""
♯第四个模块是 MAML 模型的外层循环过程的初始步骤
"""
meta_support_image, meta_support_label, meta_query_image, meta_query_label = next(mytrain_data)
♯从 mytrain_data 中分别获取支撑集、查询集中的图像和标签
♯用 next()函数设定循环结束条件,如果迭代器 mytrain_data 中没有元素,循环会自动结束
for support_image, support_label in zip(meta_support_image, meta_support_label):
♯在 MAML 模型的外层循环过程中,需要遍历一个 batch 中的所有任务,这里指定的 batch 是 zip
♯(meta_support_image, meta_support_label)
♯next()函数和 zip()函数都是 Python 的内置函数。zip()函数能将多个可迭代对象打包成一个元
♯组,而每个元组包含来自所有可迭代对象的相同索引位置上的元素
♯该打包元组被视为一个 batch,其中的 meta_support_image、meta_support_label 可以解释为这个
♯batch 包含的所有可迭代对象
♯每个可迭代对象都是一个任务样本,相同索引位置上的元素即是该任务的数据集和标签
self.meta_model.set_weights(learned_weights)
♯将 learned_weights 设置为初始权重系数。learned_weights 已经在第三个模块中获取,当时借助
♯的是 learned_weights = self.meta_model.get_weights()
♯如前所述,self 是实例对象本身,包含了 meta_model,而模型包含了 set_weights
```

```
# 注意,这里的 set_weights()函数和第三个代码模块中的 get_weights()函数功能不同,虽然两者
# 均属于 self.meta_model 包。要先使用 get()函数,才能 set()函数
# 需要强调的是,这里的 weights 不仅包含权值 w,而且包含与 w 直接关联的偏差 b
for i, (query_image, query_label) in enumerate(zip(meta_query_image, meta_query_label)):
# enumerate()函数用于将可迭代对象组合成一个索引序列,同时列出数据和数据下标。单词
# enumerate 有列举的含义
# zip()函数是 Python 的内置函数,用于接收两个或多个可迭代对象,并将这些可迭代对象中相同
# 位置的元素逐个打包成一个元组,这些元组可构成新的可迭代对象
# zip()函数最终返回的可迭代对象的长度与输入的可迭代对象中最短的长度相同。这是由 zip()
# 函数的操作过程决定的,它将可迭代对象中的第一个元素打包为一个元组,第二个元素打包为另
# 一个元组,以此类推,直至可迭代对象的最小长度
# 可迭代对象可以是列表数据、元组、字符串等。此处,可迭代对象特指查询集中用于元测试的任
# 务样本。为了完成循环,需要同时获得每个元素的索引和对应的值
# enumerate(zip())是 enumerate()函数和 zip()函数的结合使用,最终返回 meta_query_image、
# meta_query_label 的索引和对应的值。这里的索引是 i,meta_query_image、meta_query_label 对
# 应的值就是 query_image、query_label
# 外层循环是要求为每个任务样本载入初始的 weights,并在联合训练过程中更新
# 为保持代码解读的连续性,训练过程和权重更新的算法思想和代码将在 1.3.2 节和 1.3.3 节补充解释
```

1.3.2 内层循环算法

深度学习涉及复杂的算法模型,作为其进一步拓展的元学习更是如此,因此需要采取正确的研究方法。随着深度学习的广泛应用,一些复杂但常用的算法模型已经在 Python 中封装到科学计算包,成为可以直接调用的函数。通过对代码的深入研究,有助于在更短时间内理解元学习模型的算法思想。欲速则不达,在没有完全理解代码的情况下,不建议直接去调试代码。代码只是算法的实现方式,只有对算法深入研究,才能深入理解代码并改进算法,两者相得益彰。

在研究算法的过程中,可以积极地进行假设,并通过对代码的解读验证假设。由于个人专业理论体系的局限性,有时候可能会在头脑中闪现出模棱两可的念头,这个念头就可以发展为假设。在团队研究元学习模型的早期,我并不确定自己对双层循环结构的理解是否正确,在查阅和研究相关资料后,形成了看似合理的假设,即双层循环包括内层循环和外层循环;外层循环是元训练过程,旨在通过元学习过程获得预训练模型;内层循环是对训练集之外的新任务的自主微调过程,属于测试和应用环节,用于评估元学习过程的有效性。

接下来,带着这个疑问和假设进一步研究 MAML 模型的代码。需要注意的是,MAML模型不等于元学习模型的全部。元学习主要分为 3 类,包括基于度量空间的元学习、基于参数优化的元学习和基于模型的元学习(主要是元强化学习),MAML 模型则是一种基于参数优化的元学习。MAML 之外,其他基于参数优化的元学习是否也具有双层循环结构? 基于度量空间的元学习和基于模型的元学习的情况是否类似呢? 这些问题将在后续章节中逐步深入探讨。

在进一步研究 MAML 模型的内层循环代码之前,先解释 Python 中的一种语法结

构—— with as,用于在代码模块结束时自动关闭文件或资源,以避免可能发生的资源泄漏或错误。具体用法为

```
with expression as variable:
```

在上述用法中,表达式 expression 是一个函数对象,可返回一个上下文管理器(context manager)和对象实例。参数 variable 用于接收表达式返回的上下文管理器对象,也可以缺省。

执行过程是,先执行表达式 expression,返回一个对象实例,然后执行该实例的 __enter__()函数,并将 __enter__()函数的返回值赋给 as 后面的变量。__enter__()函数实际上是一个提示方式,用法如下。

```
def __enter__(self):
        ♯ 在进入 context manager 时执行的初始化操作
        print("Entering context manager")
```

与 __enter__()函数相对的是 __exit__()函数,用法如下。

```
def __exit__(self, exc_type, exc_val, exc_tb):
        ♯ 在离开 context manager 时执行的操作
        print("Exiting context manager")
```

注意,__exit__()和 __enter__()函数是与 with 语句组合使用的,而 with as 的终止方式为 with-block。单词 block 也有封锁、终止的含义。

此外,需要补充解释一下 TensorFlow 的主体含义:

$$TensorFlow = Tensor(张量) + Flow(流)$$

意思就是,张量在其计算图中流动。深度学习模型比较复杂,而且涉及大量样本的学习,为了降维,就需要计算张量的平均值。在代码中可借助 tf. reduce_mean()函数实现。reduce_mean()函数用于计算张量张量沿着指定的数轴上的平均值,这个指定的数轴可以理解为张量的某一维度。

reduce_mean()函数的用法如下。

```
reduce_mean(input_tensor, axis, keep_dims, name, reduction_indices)
```

reduce_mean()函数包含以下 5 个参数。

第一个参数 input_tensor,为输入的待降维的张量,不可缺省。

第二个参数 axis,为指定的轴,默认值为 axis=None,表示要计算所有元素的均值。

第三个参数 keep_dims,用于确定是否保持维度不变,设置为 True,表示输出的结果保持输入张量的形状;其默认值为 keep_dims=False,表示输出结果会降低维度。

第四个参数 name，用以给出操作的名称，默认值为 name＝None。

第五个参数 reduction_indices，用来指定数轴，新版本中已弃用，故 reduction_indices＝None。

现在进一步研究 MAML 模型的内层循环代码。

```
"""
＃第五个模块是 MAML 模型的内层循环过程的完整代码
"""

for _ in range(inner_step):
＃限定内层循环次数，因此也约束梯度下降的次数
＃Python 中常用 for_in_range 遍历一个数字序列，用法为 for i in range(start, end, step):
＃如果不指定 start，默认从 0 开始；如果不指定 step，默认为 1
＃当 i 为默认时，用法为 for _in_range(start, end, step):
with tf.GradientTape() as tape:
＃ tf 是 TensorFlow 的简写
＃TensorFlow 是深度学习的常用框架之一，能够实现大部分神经网络的功能
＃GradientTape()是 tf 科学计算包的梯度子包
＃先执行 tf.GradientTape()函数，返回对象实例 self
＃再执行 self 的__enter__()函数，并将__enter__()函数的返回值赋给变量 tape
metalogits = self.meta_model(support_image, training = True)
＃logits 源于概率统计学，是 logit 的复数形式，而 logit 有逻辑回归、推理的含义
＃在元学习中，metalogits 旨在构建学习过程模型，学习到的参数是基于模型的极大似然估计
＃极大似然估计是参数估计的方法之一，用于已知样本满足某种概率分布，但是其具体参数值未知
＃的情形。顾名思义，参数估计就是通过若干次试验，利用实验结果推出参数的可能值
＃极大似然估计的算法思想是，当某个参数的估计值能使某样本出现的概率最大，就把估计值作为
＃真实值。此时没有必要再去选择其他小概率的样本，所以该算法适用于少样本学习
＃此处调用的元学习模型 meta_model，是外层循环得到的预训练模型，用于处理 support_image
＃ meta_model 包含在 self 内，所以可以通过 self.meta_model()函数调用
＃在 train 模式下传入 training = True 参数，以便用参数 trainning 来控制 dropout 以及 BN 的状态
＃dropout 是指为了避免在深度学习训练过程中出现过拟合问题，按照一定的概率，暂时丢弃某些
＃神经网络单元。dropout 之所以能避免过拟合，是因为这一操作简化了神经元之间的相互依赖关
＃系，间接地提升了深度学习模型的泛化能力
＃批量归一化(Batch Normalization, BN)层简化了推理过程，这对内层循环非常重要
＃归一化之后，调参过程简单了很多。此外，BN 层也加速了模型的收敛
loss = losses.sparse_categorical_crossentropy(support_label, metalogits)
＃定义损失函数的形式，以监管模型的收敛过程
＃损失函数文件(losses.py)隶属于 Keras，在代码中可以直接调用
＃Keras 是 TensorFlow 提供的一个高级 API(应用程序编程接口)
＃sparse_categorical_crossentropy()函数隶属于 losses，用于计算作为损失函数的稀疏交叉熵，
＃处理对象为 support_label，同时也调用了 metalogits
＃注意：sparse、categorical、crossentropy 之间均有_，categorical 意味着标签应为多类模式
loss = tf.reduce_mean(loss)
＃从 tf 中调用 reduce_mean()函数，用于进一步处理 loss，以减少模型损失
＃上一步计算的 loss 就是待降维的 Tensor
```

```
acc = tf.cast(tf.argmax(metalogits, axis = - 1, output_type = tf.int32) == support_label,
tf.float32)
```
从 tf 中调用 cast、argmax、int32、float32 等,以定义 acc。acc 是 accuracy 的简写
tf.cast() 函数用于数据类型转换,具体用法是 tf.cast(tensor, dtype, name),其中 tensor 是输
入张量,dtype 是目标数据类型,name 是名称,可以使用默认值。tf.cast() 函数的处理对象为比
较运算的返回值
Python 中, == 是比较运算符,其作用是比较两个值是否相等。若比较的两个值相等,则返回
True,否则返回 False
tf.argmax(metalogits, axis = - 1, output_type = tf.int32) == support_label 是比较 tf.argmax()
函数的返回值与 support_label 是否相等,从而可以判断分类结果是否正确
tf.argmax() 函数处理后的 metalogits 就是 MAML 模型学习的结果,即模型输出的 label,而
support_label 就是真实的 label
参数 tf.float32 限定了 tf.cast() 函数输出的目标数据类型,float32 是 32 位单精度浮点类型
tf.argmax() 函数可以返回张量中最大值的索引,即最大数值的下标
tf.argmax() 函数的具体用法是 tf.argmax(tensor, axis, dtype)。因为 axis 限制了 tensor 的维
度范围,这样就可以根据 axis 取值的不同,返回每行或者每列最大值的索引
axis = 0,则在第一维操作;axis = 1,则在第二维操作;…;axis = - 1,则在最后一维操作
这里 metalogits 就是需要返回最大值索引的 tensor,output_type = tf.int32 限定了
tf.argmax() 函数输出的目标数据类型,tf.int32() 是指返回的是 32 位带符号的整数类型

```
acc = tf.reduce_mean(acc)
```
从 tf 中调用 reduce_mean() 函数,用于进一步处理 acc,以提高模型精度
上一步计算的 acc 就是待降维的 tensor

```
grads = tape.gradient(loss, self.meta_model.trainable_variables)
```
终于等到你! 本代码模块开头用 with as 语法结构定义的 tape
tape.gradient() 是 tape 中的梯度获取函数,也称为自动求导函数
这行代码不难理解,就是对 loss 自动求导,以得到梯度,为优化过程中的梯度下降做准备
实际上是求偏导数,因为 loss 函数包含多个参数,即 self.meta_model.trainable_variables
采用复合函数链式求导法则,计算对应于每个参数的偏导数

```
inner_optimizer.apply_gradients(zip(grads, self.meta_model.trainable_variables))
```
从内层循环的优化器 inner_optimizer 中调用 apply_gradients() 函数,从而将优化器与刚刚计
算的梯度 grads 一起使用,以便执行内层循环算法,即根据指定的梯度完成自主微调
zip() 函数再度得到灵活运用,成功与 inner_optimizer.apply_gradients() 函数耦合
这个耦合函数的处理对象是 grads
grads 是 loss 求偏导数的结果,所以包含的参数也是 self.meta_model.trainable_variables
apply_gradients 将使用 zip() 函数处理过的 grads,更新对应的 variables,即权重系数
借助 zip() 函数才能将梯度和权重一一配对。即使梯度和权重只有一个,也要先放到列表中,
然后用 zip() 函数进行配对,否则无法相对应地完成权重更新

```
metatask_weights.append(self.meta_model.get_weights())
```
终于等到你! 在第一个模块就已经定义了的 metatask_weights
metatask_weights 是一个列表,metatask_weights.append() 函数可完成列表
metatask_weights.append() 函数将参数 self.meta_model.get_weights() 添加到
最初的 metatask_weights 空列表中

温馨提示:最后一行代码的功能是,每次经过内层循环更新后得到的权重都自动保存一次,这就保证了内层循环过程中微调后得到的权重与外层循环过程中的训练任务能正确配对。

1.3.3 权重更新代码

细心的读者不难发现,MAML 模型的外层循环过程和内层循环过程的初始步骤类似。接下来您还会进一步发现,外层循环过程和内层循环过程的关键步骤也有很多相似之处。这是因为,内层循环和外层循环的算法思想基本一致,都是以梯度下降为中心的,而且元学习过程的评价全程采用了统一的指标,即 loss 和 acc。

```
"""
#第六个模块是 MAML 模型的外层循环过程的关键步骤
"""
with tf.GradientTape() as tape:
#与内层循环类似,先执行 tf.GradientTape(),返回对象实例 self,然后执行 self 的__enter__()
#函数,并将__enter__()函数的返回值赋给变量 tape
self.meta_model.set_weights(metatask_weights[i])
#在外层循环的初始步骤中,已将 learned_weights 设置为初始权重系数
#metatask_weights 在第一个模块进行了定义,并在第五个模块中进行了更新
metalogits = self.meta_model(query_image, training = True)
#与内层循环类似,实例 self 中的 meta_model 是预训练模型。不同的是,内层循环处理的对象是
#support_image,而外层循环处理的对象是 query_image
loss = losses.sparse_categorical_crossentropy(query_label, metalogits)
#与内层循环类似,只是处理的对象不同,内层循环处理的对象是 support_label
loss = tf.reduce_mean(loss)
#与内层循环类似,从 tf 中调用 reduce_mean()函数,对 loss 张量做降维处理
mybatch_loss.append(loss)
#终于等到你!在第一个模块就已经定义了的 mybatch_loss = []
#mybatch_loss 是一个列表,mybatch_loss.append()是完成列表的 append 方法
#mybatch_loss.append()将参数 loss 添加到最初的 mybatch_loss 空表中
acc = tf.cast(tf.argmax(metalogits, axis = -1) == query_label, tf.float32)
#与内层循环类似,只是处理对象不同,内层循环处理的对象是 support_label
acc = tf.reduce_mean(acc)
#与内层循环类似,从 tf 中调用 reduce_mean()函数,对 acc 张量做降维处理
mybatch_acc.append(acc)
#终于等到你!在第一个模块就已经定义了的 mybatch_acc = []
#mybatch_acc 是一个列表,mybatch_acc.append()是完成列表的 append 方法
#mybatch_acc.append()将参数 loss 添加到最初的 mybatch_acc 空表中
mean_acc = tf.reduce_mean(mybatch_acc)
#从 tf 中调用 reduce_mean()函数,对 mybatch_acc 张量做降维处理
mean_loss = tf.reduce_mean(mybatch_loss)
#从 tf 中调用 reduce_mean()函数,对 mybatch_loss 张量做降维处理
self.meta_model.set_weights(learned_weights)
#重复了外层循环初始阶段的一个操作,这个重复是必要的。无论权重系数是否更新,都应该载入
#最开始的权重进行更新,以防止改变后的权重无法与 task 成功配对
if outer_optimizer:
#Python 中 if 的返回值为 True 或 False,如为 True 则执行后续命令
```

```
# 根据 1.2.3 节模型前置代码的注释，outer_optimizer 用于查询集，如无 self，则不更新梯度
# if x:是 if 的灵活用法，只要 x 是非零数值、非空字符串、非空列表等，都可以判定为 True，否则
# 判定为 False。所以，外层循环的终止条件是所有 self 实例已经处理完毕
grads = tape.gradient(mean_loss, self.meta_model.trainable_variables)
# 与内层循环类似，只是处理对象不同，内层循环处理的对象是 loss
outer_optimizer.apply_gradients(zip(grads, self.meta_model.trainable_variables))
# 与内层循环类似，只是优化器不同，内层循环的优化器是 inner_optimizer
return mean_loss, mean_acc
# 返回 loss 和 acc 的平均值，并输出
```

为保持代码解读的连续性，将 MAML 模型外层循环代码拆分为第四模块和第六模块，而第六模块是训练过程和权重更新的关键代码模块。现在读者可以尝试回顾 MAML 模型的完整代码，并合并第四模块和第六模块，这样就只有 5 个代码模块了，其中内层循环代码模块嵌套在外层循环代码模块之中。如此回顾，即可进一步加深对双层循环结构的理解。

1.4　最优化方法

1.4.1　准备优化工具

工欲善其事，必先利其器。通过 1.2 节和 1.3 节对 MAML 模型算法思想和核心代码的注解，读者对元学习过程已经形成初步的认识。本节将借助 Python 中的相关科学计算包，帮助读者进一步理解元学习过程中的最优化方法和元优化机制。准备好优化工具，搭建好优化环境，才能更简洁地实现优化方法。此时，就有必要先安装 Python 了。

如前所述，Python 有多个面向科学计算和最优化过程的开源发行版本。与 PyCharm 比较，建议初学者从 Anaconda 入手，因为 Anaconda 预装了丰富而强大的库。使用 Anaconda 可以轻松管理多个版本的 Python 环境。Anaconda 实质是 Python 的包管理器和环境管理器，包含了 Conda、Python 等 350 多个科学计算包及其依赖项。其安装比常规 Python 的安装要容易，而且安装完成 Anaconda，就相当于把 Python 和一些常用的库（如 NumPy、Pandas、Scrip、Matplotlib 等）都自动安装好了。特别有利于做最优化和元学习的研究。总之，安装 Anaconda 对初学者更友好，对现阶段的研究也更适合。因为 Anaconda 预装了 NumPy、Pandas 等常用库，不用再逐一安装并配置。作为 Python 的包管理器和环境管理器，Anaconda 也为最优化方法相关的科学计算包提供了方便的管理工具。

即使没有任何编程基础，也不必担心。笔者将手把手帮助完成 Anaconda 的下载和安装（以安装 Anaconda 3 为例）。百度搜索 Anaconda，可以看到它的官网链接，单击该链接，即可看到 Anaconda 3 的下载按钮，如图 1-3 所示。

单击图 1-3 所示的 Download 按钮，就会自动开始下载 Anaconda3-2023.09-0-Windows-x86_64，此下载过程预计需要 5 分钟左右（取决于局域网的带宽和网速）。如果计算机操作系统不是 Windows，单击 Download 按钮下方的对应图标，就可以找到与该操作系统相对应的

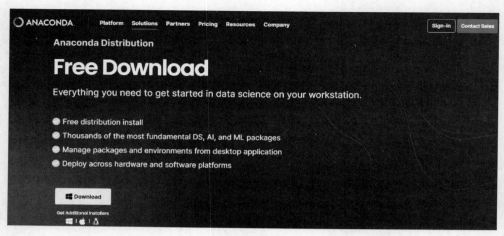

图 1-3　Anaconda 3 的下载按钮——Download

Anaconda 3 安装包。

1.4.2　搭建优化平台

应用程序安装包 Anaconda3-2023.09-0-Windows-x86_64 下载完成后，就可以搭建最优化方法与模型的开发平台了。这一步主要是安装 Anaconda 3，双击该应用程序安装包，即开始安装。注意，安装包的启动过程需要花费 10 秒左右，耐心等待一下，然后会弹出欢迎界面，如图 1-4 所示。

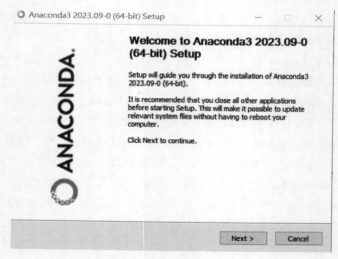

图 1-4　Anaconda 3 的安装过程——step 1

单击图 1-4 中的 Next 按钮，弹出 License Agreement 对话框，如图 1-5 所示。

在图 1-5 所示的对话框中，单击 I agree 按钮，可以选择开放使用的用户，如果该计算机

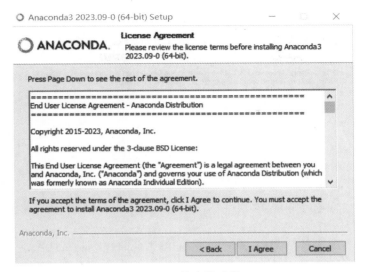

图 1-5 Anaconda 3 的安装过程——step 2

有多个用户,建议勾选 Just me 选项,这也是默认的选项。当然,如果希望对所有用户开放,则选择 All Users 选项,如图 1-6 所示。

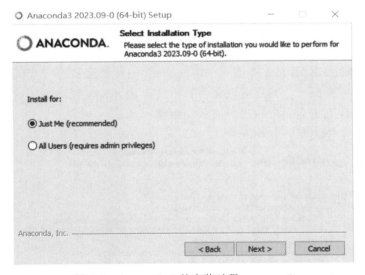

图 1-6 Anaconda 3 的安装过程——step 3

单击图 1-6 所示对话框中的 Next 按钮,会提示选择安装路径。单击 Browse 按钮可以完成选择,此处选择安装到 D:\Programfilesforai\anaconda3 下,如图 1-7 所示。

如果没有该目录,安装进程中会自动创建。单击图 1-7 所示对话框中的 Next 按钮,会提示要处理 Anaconda 3 的高级选项,具体包括以下 4 个高级选项。

(1) 创建快捷方式,默认勾选。

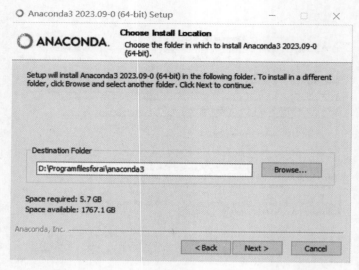

图 1-7　Anaconda 3 的安装过程——step 4

（2）Add Anaconda 3 to my PATH environment varible，首次安装 Anaconda 3 可勾选，此选项会自动将 Anaconda 3 添加到系统路径，也可以在安装后进行手动配置。

（3）Register Anaconda 3 as my default Python 3.11，默认勾选。

（4）安装完成后，是否自动清除包缓存，建议勾选。

如图 1-8 所示，第二个高级选项备注了 Not recommended，并且提示可能导致与其他应用冲突。如果不确定该计算机是否有过 Anaconda 3 的安装记录，或者担心在使用过程中出现意外，建议手动配置路径。只要配置完善就不会出现异常使用问题。这里涉及一些关键细节，会在安装进程完成后做进一步的演示和解释。

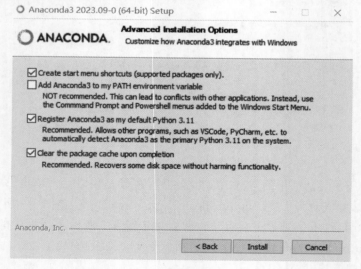

图 1-8　Anaconda 3 的安装过程——step 5

单击图 1-8 所示对话框中的 Install 按钮,会看到 Anaconda 3 的安装进度条。安装进程的收尾阶段需要花费一定的时间,需要耐心等待,如图 1-9 所示。

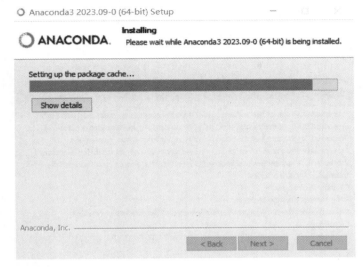

图 1-9　Anaconda 3 的安装过程——step 6

有兴趣的读者,也可以单击图 1-9 中的 Show details 按钮,查看安装进程中的细节,会发现相关科学计算包需要在这个阶段下载和提取,如图 1-10 所示。

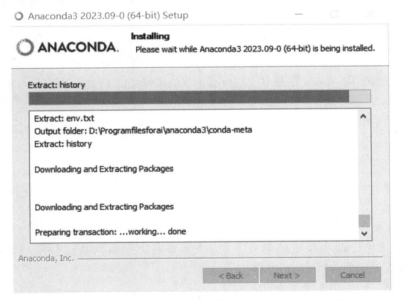

图 1-10　Anaconda 3 的安装过程——step 6-Show details

Anaconda 3 不仅包含了数据科学相关的最优化方法和模型科学计算包,而且涉及在人工智能、机器学习研究中很实用的一批科学计算包。由于科学计算包数量庞大,安装进程可达数十分钟，请耐心等待。

安装完成后可以在页面看到 Installation Complete，如图 1-11 所示。

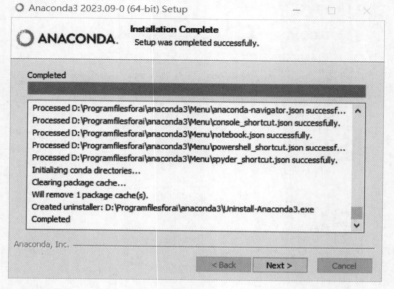

图 1-11　Anaconda 3 安装过程——step 7-Show details

此时，在页面下方的"详情"处也可以看到 Completed 的提示。在最优化研究和计算机科学的其他课题中，有必要为使用者提供操作界面，一般通过命令解析器（command interpreter）实现，俗称壳（Shell）。Python 的一个交互式 Shell 是 IPython。Jupyter Notebook 是从 IPython 项目发展而来的，因此，IPython 也是 Jupyter Notebook 的内核所在。Jupyter Notebook 可以理解为网页版的 IPython，比默认的 Python Shell 好用。因此，为了进一步提升用户体验，Anaconda 3 在安装后也会自带 Jupyter Notebook。

单击图 1-11 中的 Next 按钮，会出现非常友好的结束语——Everything you love about Anaconda now available from the cloud with Anaconda's fully-loaded Jupyter notebook，同时也做出了免费声明——Get started for free，如图 1-12 所示。

单击图 1-12 中所示的 Next 按钮，在弹出的对话框中继续单击 Finish 按钮，即可结束安装，如图 1-13 所示。

Anaconda 是一个强大的开源开发平台，它将很多实用的优化工具整合在一起，在最大限度上简化最优化方法和模型的研究流程，并能够解决一系列数据科学难题。在图 1-13 中，有两个默认勾选的选项，补充解释如下。

第一个选项是 Launch Anaconda Navigator，Anaconda Navigator 是 Anaconda 项目环境的导航和管理软件，Navigator 有"导航员"的含义。

第二个选项是 Getting Started with Anaconda Distribution，注意 Anaconda 有多个版本，本书安装的是 Anaconda Distribution，这也是官方推荐初学者使用的版本。

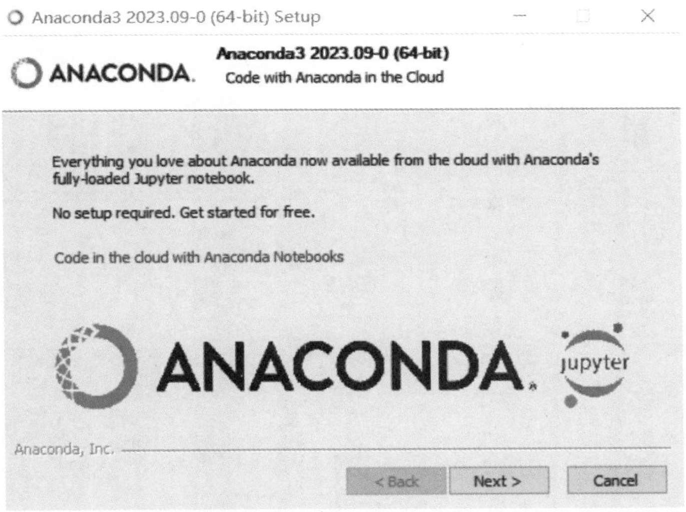

图 1-12 Anaconda 3 的安装过程——step 7-结束语

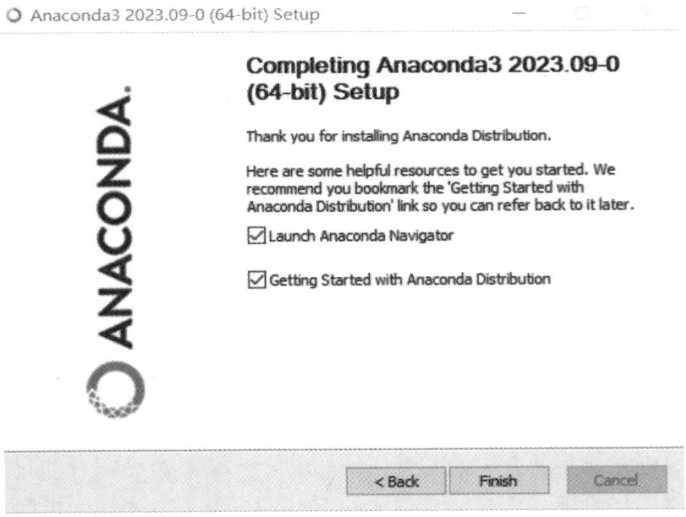

图 1-13 Anaconda 3 的安装过程——step 7-Finish

现在,已经成功完成 Anaconda 3 的安装,搭建了最优化方法与模型的开发平台。此平台不仅包含了 PyCharm、Jupyter Notebook 等主流的 Python 代码设计工具,而且还包含了 PyQt(用于人机交互界面 GUI 的设计)等实用模块,它们均可通过 Anaconda Navigator 一键启动,如图 1-14 所示。

此开发平台简洁实用,对初学者比较友好。因此,将在 1.5 节中使用此开发平台研究 MAML 模型,进一步理解其中涉及的最优化模型,以便继续理解元学习过程中的优化机制。

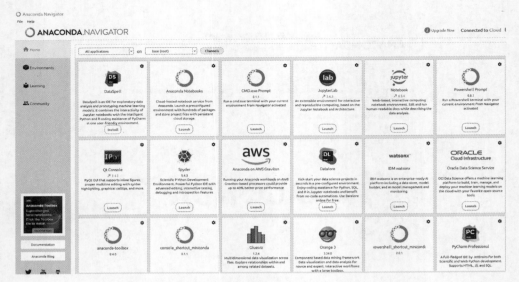

图 1-14　最优化方法与模型的开发平台

1.4.3　最优化科学计算包

Python 目前已经有多种最优化包可供选择，例如 scipy. optimize、Pyomo、PuLP 等。

（1）SciPy ＝ scientific＋Python，包含各种专用于处理科学计算中常见问题的工具包，不同的子模块对应不同的应用，scipy. optimize 用于处理最优化问题。

（2）Pyomo ＝ Python ＋ optimization ＋ open，是 Python 中支持多种优化功能的开源软件包，用于制定和分析优化模型，主要用于最优化问题的建模和求解，并提供一种简单而强大的描述方法，以便求解线性规划、整数规划、非线性规划等各种类型的最优化问题。

（3）Pulp 是基于 Python 开发的第三方开源建模语言，支持对线性规划、混合整数规划、非线性规划等问题的建模和分析，并调用其他商用或开源求解器，解决最优化问题。

这些包提供了多种最优化方法和模型，可以在不同领域中使用。然而，Meta-learning 是一种相对复杂的机器学习算法，在运用 Anaconda 开发元学习模型的过程中，很可能会涉及科学计算包的补充与更新。但 Anaconda 的下载源默认在国外，存在国内下载速度慢、容易导致网络错误而下载失败等问题。因此，建议读者先配置国内的镜像源作为下载源。

以清华大学的下载源配置为例，在 Windows 开始菜单中找到 Anaconda Prompt 并打开。然后，将下面 3 行代码写入命令行窗口中，按 Enter 键执行即可。

```
conda config -- add channels  \
https://mirrors. tuna. tsinghua. edu. cn/anaconda/pkgs/free/
# 添加 https://mirrors. tuna. tsinghua. edu. cn/anaconda/pkgs/free/为 conda 的下载源
# conda config 用来配置 Conda 的通道
# conda config -- add channels 添加 Conda 的通道
```

```
conda config -- add channels   \
https://mirrors.tuna.tsinghua.edu.cn/anaconda/pkgs/main/
#添加 https://mirrors.tuna.tsinghua.edu.cn/anaconda/pkgs/main/为 conda 的下载源
conda config -- set show_channel_urls yes
# 设置搜索资源时显示的通道地址
# conda config -- show channels 是查看所有已添加的镜像源
"""
# 清华大学提供了 Anaconda 仓库与第三方源(Conda-forge、MSYS2、PyTorch 等)的镜像,各系统都
# 可以通过修改用户目录下的.condarc 文件完成镜像的配置。Conda 包管理器是由营利性公司
# Anaconda 托管的,但是 Conda-forge(一个开源社区驱动的软件包管理系统)也会把它的包发布
# 到社区 https://anaconda.org/上。MSYS2 = Minimal SYStem 2,是 MSYS 的独立改写版本,主要用于
# Shell 命令行开发环境,追求互操作性更好的 Windows 软件。PyTorch 是从 Torch 发展而来的一个
# 开源的 Python 机器学习库,用于自然语言处理等
"""
```

作为社区维护的一个 Conda 通道,Conda-forge 提供了许多开源软件包。这些开源软件包都放在名为 Conda-forge 的通道里。Torch 是一个深度学习框架。PyTorch 既可以看作是加入了 GPU 支持的 NumPy,同时也可以看作是一个拥有自动求导功能的强大深度神经网络,使 MAML 模型的权重更新得以自主实现。MSYS 是 Windows 下最优秀的 GNU 环境。GNU 是一个操作系统,其内容软件完全以通用公共许可证(General Public License,GPL)的方式发布。.condarc 文件以点开头,一般表示 Conda 应用程序的配置文件,用于管理镜像源。执行上述 3 行命令,可以将清华大学提供的镜像配置为下载源,还可以输入命令 conda config --show channels 以验证是否已添加成功,如图 1-15 所示。

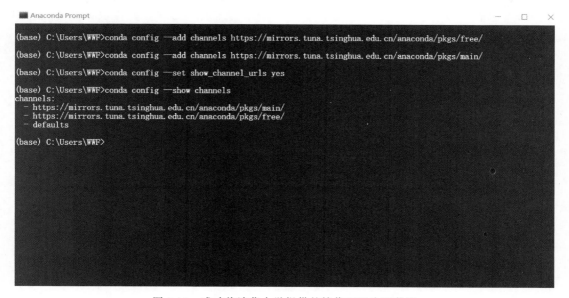

图 1-15　成功将清华大学提供的镜像配置为下载源

因为没有添加其他的下载源，因此，对自己计算机上的 Anaconda 开发平台而言，在后续科学计算包的补充与更新过程中，清华大学提供的镜像将成为默认下载源。

每个人都会在生活或者工作中遇到各种各样的最优化问题，并曾经试图寻求最优解。这些问题构成了科学研究的内在动机，同时也是大部分数据工程项目的核心需求。Anaconda 堪称 Python 处理最优化问题的神器。最优化科学包的管理器 Conda 使得用户能够使用数百个不同语言的包，轻松地进行最优化方法与模型的研究。

1.5　元优化机制

1.5.1　环境变量的配置

元学习过程的优化，简称为元优化，其本质是一种最优化方式。联合训练问题就是在给定的约束条件下，如何在特定范围内选取一些权重系数的值，使 MAML 模型达到最优状态。这里，权重系数的更新方式是"双层循环 ＋ 梯度下降"，最优状态的标准是损失函数达到极小值。

变量是一个非常重要的概念，它是用来存储系统或应用程序运行所需的一些参数的。在 Python 开发中，经常需要配置系统环境变量，才能确保代码正常运行。系统环境变量的设置可以更方便地使用 Conda 和 pip 管理第三方库。Anaconda 虽然配套了一大批常用的最优化科学计算包，但是，要成功运用 Anaconda 解决元优化问题，还需要先配置系统环境变量。

将鼠标指针移动到"我的电脑"图标上，部分计算机显示为"此电脑"，右击"属性"，进入系统设置界面。如图 1-16 所示。需要说明的是，不同品牌的计算机系统设置界面可能有所差异。

设备规格

远程桌面

Precision 5540

系统保护

设备名称　　DESKTOP-I6NSORC

高级系统设置

处理器　　　Intel(R) Xeon(R) E-2276M CPU @ 2.80GHz　2.81 GHz

重命名这台电脑

图 1-16　配置系统环境变量——step 1

单击图 1-16 中所示右侧的"高级系统设置"按钮，弹出"系统属性"对话框并对应到"高级"属性设置栏，在"高级"属性设置栏的右下方可以看到 "环境变量"按钮，如图 1-17 所示。

单击图 1-17 中所示下方的"环境变量"按钮，弹出"环境变量"对话框，该对话框包括"WWF 的用户变量"和"系统变量"两个模块。目前需要设置系统环境变量，在"系统变量"模块可以看到 Path，如图 1-18 所示。

选中图 1-18 中所示"系统变量"模块的 Path，单击下方的"编辑"按钮，弹出"编辑环境变量"对话框。该对话框提供新建、编辑、浏览、删除、上移、下移、编辑文本共 7 种编辑功能，如图 1-19 所示，此处需要的是"新建"功能。

图 1-17 配置系统环境变量——step 2

图 1-18 配置系统环境变量——step 3

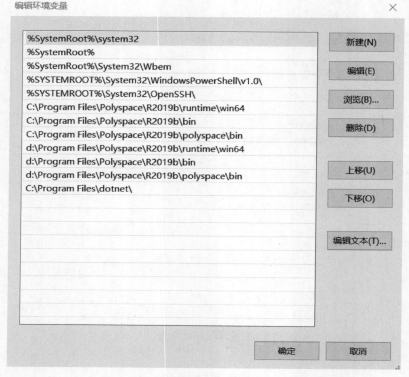

图 1-19 配置系统环境变量——step 4

　　图 1-19 中左侧的文件路径列表是目前已添加的系统环境变量。单击图 1-19 中右上角的"新建"按钮,可以继续添加系统环境变量。除了添加 Anaconda 3 的安装路径,还需要添加一些其他路径,以确保满足元优化机制研究的各种需求,具体添加的路径如下。

```
D:\Programfilesforai\anaconda3
＃在 Python 最优化问题求解的过程中都需要用
D:\Programfilesforai\anaconda3\Library\mingw - w64\bin
＃在使用 C with python 的时候需要用,比单纯 Python 的运行速度快 4～5 倍
D:\Programfilesforai\anaconda3\Library\usr\bin
D:\Programfilesforai\anaconda3\Library\bin
＃Jupyter notebook 需要用到的动态库
D:\Programfilesforai\anaconda3\Scripts
＃Conda 的自带脚本,可提供多计算引擎支持,符合联合训练的需求
```

　　依次将上述 5 个路径添加到 Path 中,如图 1-20 所示。

　　依次单击图 1-18～图 1-20 中的"确定"按钮,即可完成系统环境变量的配置。

图 1-20　配置系统环境变量——step 5

1.5.2　环境变量的验证

在 1.4.2 节已确认 Anaconda 安装成功,现在开始验证系统环境变量是否配置正确。在"开始"菜单打开 CMD,进入命令行窗口,输入命令 conda --version(注意 version 前面有两个短杠),可以看到 Conda 的版本。继续输入 Python,可以查看安装的 Python 版本,如图 1-21 所示。

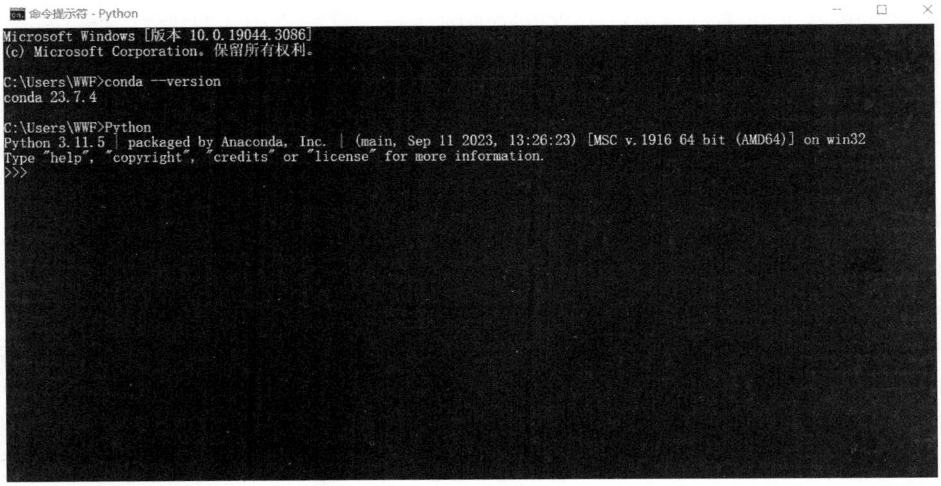

图 1-21　检验安装配置——step 1

关闭图 1-21 中的命令行窗口,重新在"开始"菜单打开 CMD,再次进入命令行窗口,输入命令 conda info,可以验证 1.5.1 节完成的系统环境变量配置是否有效。

注意,不能直接在图 1-21 中的命令行窗口中验证,否则会提示语法错误。如果顺利输出 Conda 的详情,说明 conda 是内部命令,也就说明 Anaconda 3 的系统环境变量已经配置好了,如图 1-22 所示。

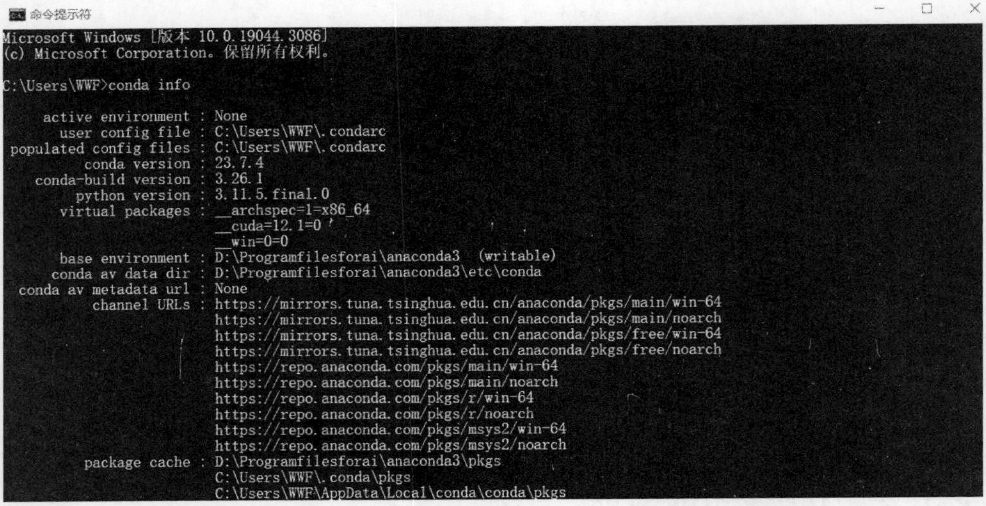

图 1-22　检验安装配置——step 2

1.5.3　元优化机制

智能技术的本质是优化和控制,优化依赖于对数据的学习,而服务于控制。控制工程技术的发展是关系到国防安全和综合国力的根本,而优化贯穿始终。1.2 节和 1.3 节对 MAML 模型的核心代码模块进行了比较详细的注解。需要说明的是,这些代码模块主要用于解释联合训练问题的建模思路和算法思想,同时也比较容易被初学者理解。对于元学习过程中的优化机制(简称元优化机制),以及内层循环和外层循环的优化器,并没有做具体的解读。后续章节还会提供不同版本的 MAML 模型核心代码,用于解释元优化机制的更多细节。读者通过阅读前几节,已经具备理解更多细节的基础,这些细节属于实践运用层面,需要通过更完备的代码进行注解。

元优化机制类似于人类学习机制。人类学习机制的优势主要体现在小样本学习,人类只需要看到少量几个样本,就能迅速准确地学习这些样本的类别主体和关键本质特征,遇到同类别从未见过的其他样本,也能够快速学习。人类的学习能力并非与生俱来,完全可以通过后天训练加以强化,元学习过程中的优化机制也是如此。元学习模型先在支撑集上训练,不仅获得了所需的先验知识,更重要的是获得了学习能力。换言之,即使是面对同类别的陌生样本,元优化器也具备对其进行特征提取的能力。这是因为元学习是面向学习过程的,而这些任务样本的学习过程类似。

元优化机制可以概括为基于任务联合训练的优化机制。通过学习大量同类别的任务样本,获得先验知识,这些知识体现为一个带有初始化权重系数的元训练模型。这个元训练模型及其初始化权重系数对于同类别学习任务具有非常好的鲁棒性。因此,面对同类别的新任务时,只需要通过几个数据和几次梯度下降训练完成对元训练模型初始化权重系数的自主微调,就可以快速适应这些新任务。

第 2 章

任务构建问题

2.1 问题描述

2.1.1 小样本单元

元学习是基于任务联合训练的学习过程,而每个任务则通过小样本学习完成。因此,元学习处理的每一个任务样本都可以看作是一个小样本单元。进而如何划分小样本单元、构建元学习所需的任务样本,是继联合训练问题之后需要考虑的第二个问题。虽然元学习总体面向学习过程,但是每个小样本单元仍然是从数据中学习。任务构建问题本质上是要生成这些小样本单元,元学习的学习对象也正是由这些小样本单元组成,且它们可以看作是同类别的一批学习任务。

第 1 章重点解释的 MAML 模型,其本质是一个元训练方式。这种训练方式可以用于任何基于梯度下降的算法模型,且该算法在元训练之后拥有学会学习的能力,所以也称为模型无关元学习。MAML 模型同时也提供了适用于小样本单元的批量训练方式,而小样本单元的批量训练与第 1 章中学习任务的联合训练相对应。对于任何基于梯度下降的算法模型,只要划分的一批小样本单元对应同类别的学习任务,MAML 模型就可以在完成任务时有越来越好的表现,因此任务构建问题也可以理解为小样本单元的划分问题。

元优化的初衷是模拟人类智能,现阶段国内外的主要研究仍然侧重于模拟学习过程的层面。所谓学习过程,其实也是分单元完成的。具体而言,对于一个庞大的数据集,可以选择适当的任务分布模型,将其划分为一批同类别的小样本单元——一部分小样本单元作为元训练的支撑集,另一部分则作为用于测试陌生任务的查询集。任务构建问题的关键是如何划分庞大的数据集,并确保能够得到一批同类别的小样本单元和学习任务。

2.1.2 有限监督数据

元学习是以任务为学习单元的,但任务构建过程的实质是将数据集划分为一批同类别的小样本单元。因此,需要考虑数据集划分的合理性,即是否满足小样本学习的需要。小样本学习是立足于有限监督数据的机器学习。对于样本数据太少的问题,传统的解决方案大致可分为基于模型改进的小样本学习方法、基于算法优化的小样本学习方法和基于数据增强的小样本学习方法3种。第1章提到的MAML模型提供了一种元训练方式,可用于优化任何基于梯度下降的算法,其采用的就是基于算法优化的小样本学习方法。基于模型改进的小样本学习方法将在后续章节中予以阐述。因为元优化的机制是借助外层循环的基学习器完成先验知识的学习,然后借助内层循环的元学习器自主制定梯度下降和权重系数的微调策略,加速模型在新任务上的收敛速度。

基于数据增强的小样本学习方法,采用的是传统机器学习的思维,将小样本学习任务转换为普通学习任务。其数据增强的主要方式对研究元学习也有一定的启发,具体而言,就是借助Transformer和生成对抗网络(Generative Adversarial Network,GAN)等生成式人工智能模型扩充样本。其中,Transformer是一种强大的编码算法,为最近爆火的ChatGPT提供了计算逻辑。数据增强的技巧可以分为3种情况进行描述,第一种情况是比较理想的假设,第二种和第三种情况则更贴合现实。

第一种情况是,假设可以为小样本数据集找到相似的数据集,这种情况比较简单,只需要训练一个GAN,然后用训练好的GAN为小样本数据集加上扰动,就可以生成新样本,这类似于用真实的人脸图像生成假脸图像。

第二种情况是,除了小样本数据集本身,其他备用数据集均存在标注不完整、不准确、有噪声等问题。此时就需要训练Transformer,然后用训练好的Transformer从备用数据集中挑选可用的新样本。

第三种情况是最坏的打算,即假设除了小样本数据集,找不到其他备用数据集。此时就只能先训练一个Transformer,并挖掘训练样本之间的相关性,然后使用训练好的Transformer生成新样本。

2.1.3　支撑集与查询集

用于学习先验知识的小样本单元构成支撑集(support set),而验证先验知识的小样本单元构成查询集(query set)。对于支撑集中的每个小样本单元,都假设该单元对应支撑集中的 $N \times K$ 个样本。其中,包含了 N 个类别的数据(英文标记为 N-way),而每个类别包含了 K 个样本(英文标记为 K-shot)。那么这个小样本单元本身就构成一个 N-way-K-shot 的子训练集。

事实上,小样本分类问题也可称为 N-way-K-shot 问题,分类准确率会受到 N、K 数值的影响。随着 K 值及类别数量的增加,每个小样本单元的样本数量会减少,分类准确率会降低;随着 N 值及每个类别样本数的增加,小样本单元的总样本数也会增加,分类准确率会增高。

在传统的小样本学习中,支撑集就是一个小样本单元。但在元学习模型中,支撑集被假设为一个非常大的数据集,并可以划分为一批小样本单元。支撑集与查询集贯穿整个元学习过程,包括元训练(Meta-training)和元测试(Meta-testing)的过程,如图2-1所示。

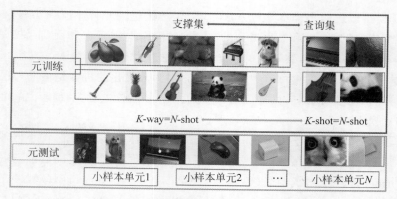

图 2-1 元学习过程中的支撑集与查询集

2.2 建模思路

2.2.1 任务分布模型

元学习解决了同类别学习任务的自主学习问题。两个学习任务是否是同一个类别,需要通过任务分布模型判断。最简单的任务分布模型是 N-way-K-shot 的小样本单元。第 1 章重点介绍的 MAML 模型是由伯克利人工智能实验室的 Chelsea Finn 提出的,是一种面向未知模型的元学习方法。在她的论文中,提供了可用于联合训练的基准数据集,也就是元训练的基准数据集。在 Chelsea Finn 之后,有部分学者拓展了 MAML 模型,并提供了规模更为庞大的数据集,甚至可以构建数百万个元训练任务。采用这些基准数据集实验得到的基线(baseline),未来可用于比较和评估其他元学习模型的性能。

可以将在元训练过程中获得的先验知识简称为元知识。在面对真实的应用场景时,对元学习的任务分布模型通常会有更具体的要求。此时,虽然可以构建数百万个元训练任务,但是只有少数学习任务适用于当前的真实应用场景。大部分任务样本在当前应用场景下无法获取元知识。针对这一问题,主要有以下两种解决方案。

第一种解决方案是,在构建元训练任务的过程中考虑具体的应用场景,确保适用于该场景的元任务数量充足。这样不仅可以避免过度拟合的风险,还能够提高元知识的泛化能力。基于数据增强的小样本学习方法,有学者提出元任务增强的建模思路,从而实现元任务的扩充。扩充后的元训练任务,更接近当前应用场景的经验任务分布。

第二种解决方案是,在元训练之前,先进行预训练。预训练阶段是元训练前的过渡期,不用划分数据集。事实证明,预训练可以为元知识提供先验知识,不仅能提高元训练期间小样本学习的准确率,同时也能在一定程度上降低元学习模型发生过拟合的概率。

本书主要面向初学者,即使没有编程基础的读者也可以理解元学习模型的算法思想,并能解读代码、跑通代码。读者在阅读完本书后,将具备比较扎实的元学习研究基础,有能力进一步探索上述两种解决方案。2.2.2 节和 2.2.3 节的重点仍然是对任务分布模型的分析。

2.2.2　监督学习模型

　　任务分布模型并非一个新概念，此概念源于小样本学习理论及其应用实践。传统监督学习需要大量训练样本，而小样本学习则依赖于特殊的监督学习模型，以确保其泛化能力。机器学习是通过计算来进行学习，通过计算得到小样本的本质特征，为机器学习提供逻辑基础。为提高小样本学习的准确率，就需要确保用于学习任务的小样本数据具有代表性。

　　数据集有一个分布类型和规律，抽取的样本要能反映这些类型和规律。例如某件商品的市场价格，其数据集对应若干个标价区间，小样本分别从此若干个区间中抽取，才具有代表性。另一个较为经典的例子是人脸识别，其数据集包含高清人脸、模糊人脸和戴口罩的人脸，小样本的抽取就需要覆盖所有人脸类型。真实场景下，数据集的结构、数据类型和分布规律可能有各种各样的情况，但可以运用概率统计模型分析其分布规律和结构、类型等，再据此设计抽取小样本的算法，确保小样本单元的划分合理，进而可以提高元学习过程的鲁棒性。

　　由于任务分布模型取决于小样本单元的划分，因此需要重点理解小样本学习中数据分布的建模思路。假设数据集服从分布 D，每个小样本单元及其对应的任务分布模型都是该分布的一部分。监督学习模型要求通过一定的规则给这些小样本赋予标签。对于一个小样本学习任务而言，赋予标签的过程中建立了一个从小样本到标签的映射，该映射是在元学习过程中建立的，对于每个小样本单元，联合训练结束后都得到了这样一个映射，如图 2-2 所示。

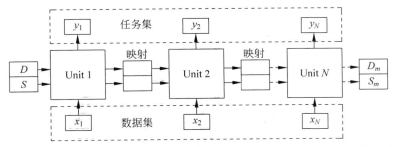

图 2-2　数据集 D 划分策略 S 影响决定元任务的分布 D_m 和联合训练策略 S_m

　　监督学习模型可以较好地解释任务分布模型的概念。元学习需要多样化的任务样本，而每个任务本身又对应一个小样本单元。小样本单元来自对数据集的划分，划分过程伴随着学习任务的构建过程。在此基础上，引用 2.2.1 节中第二种解决方案里的预训练概念，就可以进一步理解任务分布模型了。预训练阶段采用的是完整的数据集，且服从分布 D。在元训练阶段，采用的任务样本，实质上是对数据集划分后得到的一批小样本单元。同时，这些任务样本构成了元学习的样本集合，并服从一个新的分布模型，即任务分布模型。任务构建问题就是小样本单元划分问题，希望有一个比较理想的划分结果，以便满足不同场景的需求。

对于限定任务类别的应用场景,希望通过小样本单元的划分,构建一批同类别的学习任务。这样,经过联合训练后,元学习模型就可以很快适应这一类任务的学习,这种情况下,任务分布模型类似于均匀分布。如果遇到比较复杂多变的应用场景,单一的任务类别已经无法模拟人类的学习过程,此时,希望通过小样本单元的划分,构建一批多样化的任务,以便模拟复杂多变的学习场景。在任务构建过程中,从数据集采样有一定的灵活性,并不受制于数据集的分布 D。

元学习过程开始之前,任务分布模型相当于给出了一个学习能力发展框架,基于该框架可以完成联合训练。据此,任务构建问题可以转换为 3 个问题。

(1) 如何划分小样本单元,使得元任务的联合训练能得到满足应用场景需求的模型。

(2) 如何设计元学习算法,以便对每个小样本单元进行有效学习。

(3) 如果有必要在任务构建之前进行预训练,如何运用预训练结果提升元优化的准确率。

2.2.3　模型前置代码

就 MAML 模型而言,元学习问题本质是双层优化问题,其内层优化问题嵌套在外层优化问题中。双层循环结构只是双层优化问题的解决方案,外层优化问题是联合训练问题,处于上层,也称为上层优化问题。对应地,内层优化问题也可称为下层优化问题。元优化器由上层的元学习器和下层的基学习器构成,它们分别参与解决外层优化问题和内层优化问题。

本节开始将通过注释任务构建模型的代码,进一步引导读者理解基学习器的工作机制。为帮助初学者循序渐进地理解基学习器模型,将在第 3～5 章分别解释基学习器模型涉及的3 个关键问题。有了这些研究基础后,在第 6 章将正式对基学习器模型进行深入解释。

现在,先解释模型的前置代码,其完整代码被命名为 task.py。我们仍采用模块切割的办法把复杂的代码分解为若干个简单的小模块,并将其分散在各个小节进行通俗易懂的解释。在 2.4 节和 2.5 节,还将进一步尝试在 Anaconda 开发平台下编辑这些代码,引导读者迈出元学习模型编程的第一步。

```
"""
＃第一个模块完成任务构建过程中所需的科学计算包的导入
"""
import os
＃导入 os 工具包
＃实现对文件或目录进行操作

import random
＃导入 random 工具包,顾名思义,主要用于生成随机数
＃任务构建过程中需要从数据集分布 D 中随机采样

import numpy as np
＃将 numpy 工具包导入为 np
```

```
# import as 句式在导入科学计算包的同时,提供了简写。在后续代码行中,可以用 np 表示 numpy
# numpy 工具包是 Python 开源的高级科学计算包,可用于元学习模型编程
# numpy 能对数组结构数据进行运算,实现对随机数、线性代数、傅里叶变换等操作
# numpy 不只是一个函数库,还拥有强大的 n 维数组对象——numpy 数组,也称为 ndarray 数组
# ndarray 由真实数据和描述真实数据的元数据两部分构成,可通过索引或切片来访问和修改
import tensorflow as tf
# TensorFlow 是一个深度学习框架,如果用 PyTorch 等其他深度学习框架,此处需修改
```

2.3 算法思想

2.3.1 单元划分算法

任务构建过程的实质是将数据集划分为一批同类别的小样本单元。本节将开始解释如何构建一个具体的元任务,即如何划分出一个小样本单元。单一的任务构建和小样本单元划分也需要一个算法,即任务生成算法。将任务生成算法加以推广,就可以解决任务构建问题。假设数据集为 MyData,现在需要划分出小样本单元,从而构建小样本学习任务。可采用最简单的 N-way-K-shot 任务分布模型:从 MyData 的分布 D 中抽取 N 类目标,每类目标采样 K 次,即可得到由 $N \times K$ 个样本构成的一个小样本单元。

假设训练集和测试集的大小相同,小样本单元划分算法的代码如下。

```
"""
# 第二个模块实现小样本单元的划分
"""

class MyDataTask(object):
# 试图将数据集 MyData 划分出小样本单元
# 对象 object 是类 class 的实例
# 类 class 可同时定义对象 object 的本质特征和行为
# 实例对象本身默认以 self 调用
# 类 class 的完整定义包含单元划分,标签分配,任务生成 3 部分
# 标签分配,任务生成算法的代码分别在 2.3.2 节和 2.3.3 节进行解释
# 完成小样本单元划分后,标签分配和任务生成只需要两个循环语句就可以完成

def __init__(self, root, num_classes, num_samples, split = 'trainingdata'):
# 现在定义类 class 的成员函数 __init__(self, root, num_classes, num_samples, split =
# 'trainingdata')。注意,类中的成员函数必须带有参数 self
# 一个成员就是一个小样本单元,对应一个小样本学习任务
# 在成员函数中可以引用参数 self 获得对象的属性
# root,num_classes,num_samples 都是实例对象的属性,可以通过 self 调用
# 划分方法是用切片,split = 'trainingdata' 是将数据集拆分为训练集和测试集
# 在 Python 中,切片可以借助 split() 函数实现,该函数是字符串操作函数
```

```
# 用于将字符串按指定分隔符进行分割,并返回一个包含分割后的子字符串的列表
# split = 'trainingdata',指定加载训练集进行切片

self.dataset = 'MyData'
# 对象 self 的属性 dataset 定义为 'MyData',从而指定了数据集

self.root = '{}/training - sample'.format(root) if split == 'trainingdata' else '{}/testing - \
sample'.format(root)
# 对象 self 的属性 root 定义为'{}/training - sample'.format(root) if split == 'trainingdata'
# 如果未满足条件 split == 'trainingdata',则定义为'{}/ testing - sample'.format(root)
# root 的内容是实例对象本身,不是训练样本,就是测试样本
# 假设训练集和测试集的大小相同,以便在训练和测试过程中都可以直接调用 metatask.py
# 在 Python 中花括号{}表示空字典,这里表示等待输入样本标签(字符串)的空字典
# 标签对应的样本用 training - sample 或 testing - sample 表示
# 这里用斜杠/作为标签和样本的分隔符,据此构建两者的对应关系,即生成任务
# format()是字符串格式化函数,通过字符串中的花括号{}识别并替换字段
# print('这本{}对{}友好.'.format('书', '初学者'))的输出结果为这本书对初学者友好

self.num_classes = num_classes
# 每个小样本单元包含 num_classes 个类别

self.num_samples = num_samples
# 每单元的每个类别包含 num_samples 个样本
```

2.3.2　标签分配算法

在任务生成过程中,可以通过对文件和目录的操作实现标签分配。这就是模型前置代码中导入 os 模块的原因。该模块是代码与操作系统交互的一个接口,提供了一系列内置函数,在任务构建过程中,可用于对文件和目录进行操作。

导入 os 模块后,还可以对文件和目录执行创建、删除、重命名等高级操作。对于标签分配,也需要借助 os.listdir()函数,以获取指定目录下所有文件和子目录。基于对前两个代码模块的解释,标签分配算法的代码及其详细注释展示如下。

```
"""
# 第三个模块实现对小样本单元的标签分配
"""

knowledge = os.listdir(self.root)
# 获取根目录 self.root 下所有文件和子目录,构成 knowledge
# 在第二个模块中已预设获取格式为:标签/样本
# self.root 是获取文件和子目录列表的目录路径,即 path 参数

strings = []
```

```
# 空字符串,准备收集分配的标签

for l in knowledge:
# 通过循环操作完成标签分配

strings += [os.path.join(l, x) for x in os.listdir(os.path.join(self.root, l))]
# 迭代填充 strings,开始分配标签,详细步骤:先获取根 os.path.join(self.root, l)下所有文件
# 和子目录,对其中每个文件 x,进行 os.path.join(l, x)操作
# os.path.join()是路径操作函数,可以将多个路径拼接并合并为一个新的路径
# 这里涉及 os.path.join()函数的两个用法
# 第一个用法是两个路径的拼接:os.path.join(l, x)
# 第二个用法是多个路径的拼接:os.path.join(self.root, l)
# 经过拼接,标签和样本的路径合二为一,在路径上达成预设的标签分配格式

random.shuffle(strings)
# 将字符串 strings 任意排序
# 顾名思义,random.shuffle()是洗牌函数,用于打乱列表元素的顺序

classes = strings[:num_classes]
# 构建类别字符串
# [:]是 Python 中有趣的用法,str_list [:N]就是访问 str_list 的第 1~N 个元素

labels = np.array(range(len(classes)))
# 构建标签字符串
# 从 numpy 中调用了 array()函数
# numpy.array()函数的功能是创建数组
# 在模型前置代码中将 numpy 库导入为 np,所以 np.array = numpy.array
# 这里指定了数组元素的 range 是 1: len(classes)

labels = dict(zip(classes, labels))
# 将标签由列表转换为字典格式,以便后续查询使用
# dict(zip())函数的主要功能是将列表格式转换为字典格式
# zip()函数能将多个可迭代对象打包成一个元组,而每个元组包含来自所有可迭代对象的相同索
# 引位置上的元素
# zip(classes, labels)将标签和类别的字符串索引合二为一,在索引上达成了预设的标签分配格式

samples = dict()
# 从选定的类中抽取样本,并以字典查询的方式抽取

self.trainingdata_ids = []
# 准备接收训练样本

self.testingdata_ids = []
# 准备接收测试样本
```

2.3.3 任务生成算法

在完成小样本单元的划分和标签分配之后,就可以生成元任务了。如前所述,元学习处理过程中的每个任务样本都可以看作一个小样本单元。在上述代码中已经确定该小样本单元包含 N 个类别,而每个类别里有 K 个样本,即这是一个 N-way-K-shot 的小样本学习任务。

在本章第二个代码模块中,用/作为标签和样本的分隔符,可以据此预设格式以构建两者的对应关系,即生成任务。同时,借助 os.path.join()函数拼接了标签和样本的路径,在路径上达成了预设格式。在本章第三个代码模块中,使用 dict(zip())函数将标签和类别的字符串索引合二为一,在索引上达成了预设格式,并将列表格式转换为字典格式。

基于对前 3 个代码模块的解释,任务生成算法的代码及其详细注释展示如下。

```
"""
# 第四个模块完成小样本单元划分和标签分配之后的任务生成
"""


for c in classes:
# 通过循环操作生成任务
# 对每一个类 c,抽取其对应的所有样本,即可生成任务


meta - class = [os.path.join(c, x) for x in os.listdir(os.path.join(self.root, c))]
# 迭代填充 meta - class,开始抽取样本,详细步骤为:先获取根 os.path.join(self.root, c)下所
# 有文件和子目录,对其中每个文件 x,进行 os.path.join(c, x)操作
# os.path.join()是路径操作函数,可以将多个路径拼接、合并为一个新的路径
# 这里涉及 os.path.join()函数的两个用法
# 第一个用法是两个路径的拼接:os.path.join(c, x)
# 第二个用法是多个路径的拼接:os.path.join(self.root, c)
# 经过拼接,类和样本的路径合二为一,在路径上达成任务构建的预设格式


examples[c] = random.example(meta - class, len(meta - class))
# 对类 c 所有样本进行抽取
# 使用 random.example()函数从 meta - class 中随机抽取样本
# len(meta - class)是预设的训练集或测试集的长度



self.trainingdata_ids += samples[c][:num_samples]
# 迭代完成对类 c 中训练样本的接收
# 接收从第 1 个样本开始,到第 num_samples 个样本结束的样本
# 基于本模块开头的 for 循环,所有类 C 的对应训练样本都会被成功接收


self.testingdata_ids += samples[c][num_samples + 1:num_samples * 2]
# 迭代完成类 c 中测试样本的接收,样本数和训练集相同
# 从第 num_samples + 1 个样本开始,到第 num_samples * 2 个样本结束
```

```
# 基于本模块开头的 for 循环,所有类 C 的对应测试样本都会被成功接收

self.trainingdata_labels = [labels[self.get_class(x)] for x in self.trainingdata_ids]
# 完成训练样本与标签的对应
# labels[self.get_class(x)]就是样本 x 对应的标签
# 利用 self.get_class(x)函数找到样本对应的标签索引位置
# get_class()函数在代码结尾处定义

self.testingdata_labels = [labels[self.get_class(x)] for x in self.testingdata_ids]
# 完成测试样本与标签的对应
# labels[self.get_class(x)]就是样本 x 对应的标签
# 利用 self.get_class(x)函数找到样本对应的标签索引位置
# get_class()函数在代码结尾处定义

def get_class(self, sample):
# get_class()函数的处理对象是 sample
# 试图找到 sample 在 self 目录中的位置,即路径

return os.path.join( * instance.split('/')[: - 1])
# get_class()函数的返回值
# os.path.join()是路径操作函数,可以将多个路径拼接并合并为一个新的路径
# 所有样本的路径合并后,就彻底完成训练样本 - 标签、测试样本 - 标签的对应
# 这两组对应关系确定一个小样本学习任务
```

为保持代码解读的连续性,我们将 MAML 模型任务构建过程的代码拆分为第二个模块、第三模块和第四模块,而后两个模块是任务生成算法的关键代码模块。读者可以尝试回顾 MAML 模型任务构建的完整代码,并合并第二、第三和第四模块,这样就只有两个代码模块了。除了模型前置代码和结尾处的 get_class()函数定义,可以将算法思想概括为小样本单元划分、赋予类与标签、标签与样本对应 3 步。如此回顾,可进一步加深对任务构建问题的理解。

2.4 最优化方法

2.4.1 创建优化环境

在第 1 章已经准备好了优化模型开发平台 Anaconda,这是一个开源计算学习模型开发平台。其中主要包含了 Python 编程环境、数据计算和管理工具、最优化科学计算包以及相关的一系列开发工具等,同时也包含了 Conda。初学者可以先从 Anaconda 平台中的 Conda 模块入手,尝试创建优化环境。

首先,直接打开命令行提示符窗口,输入命令 conda env list,查看优化环境相关列表。

如图 2-3 所示,Conda 安装环境的配置路径为 D:\Programfilesforai\anaconda3,这是在第 1 章搭建优化平台的过程中,由选择的安装路径决定的。

如图 2-4 所示,可以借助 conda create-name example 命令,收集元学习优化过程中所需

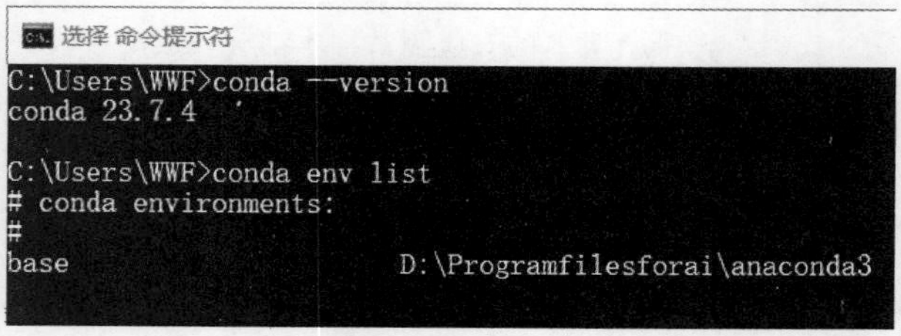

图 2-3 创建优化环境——step 1

的科学计算包,从而解决配置环境问题。

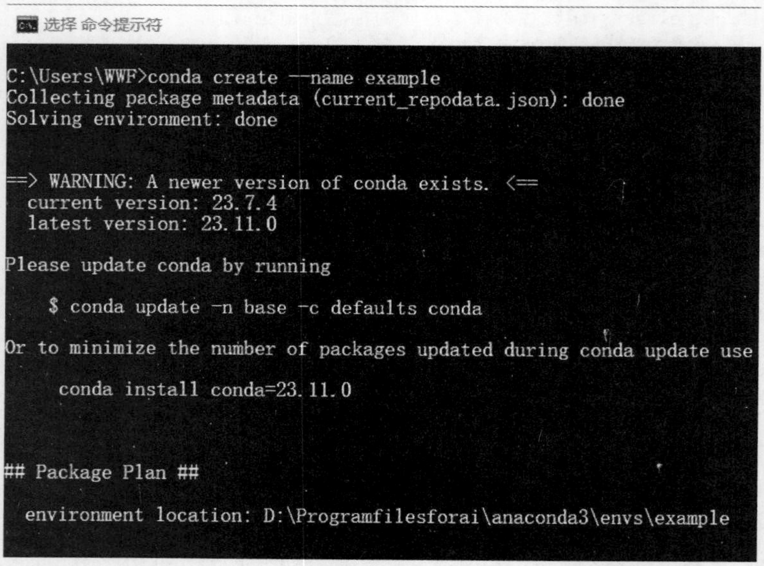

图 2-4 创建优化环境——step 2

在图 2-4 中,还可以看到一个新版本 Conda 的警告提示。现有的 Conda 版本号是 23.7.4 版,而最新版号是 23.11.0 版,所以有更新提示,但同时也提供了以下两种更新方案。

（1）第一种更新方案是输入命令

```
conda update − n base − c defaults conda;
```

（2）第二种更新方案是输入命令

```
conda install conda = 23.11.0
```

在最下方的 Package Plan 中,还可以看到优化环境的部署路径

```
environment location: D:\Programfilesforai\anaconda3\envs\example
```

接下来，会有"是否不更新先继续"的提示：Proceed（[y]/n）？如果不更新，可以输入 y，否则输入 n（y 和 n 分别是 yes、no 的简写）。现在输入 y，运行结果如图 2-5 所示，先后经过 Preparing（准备）、Verifying（验证）、Executing（执行）3 个阶段，完成了 example 环境的创建，即创建了一个名为 example 的优化环境。图 2-5 中还可以看到激活、关闭 example 环境的方式，如果需要激活该环境，可以输入命令 conda activate example，在此环境下完成工作后，输入命令 conda deactivate 可关闭当前环境。

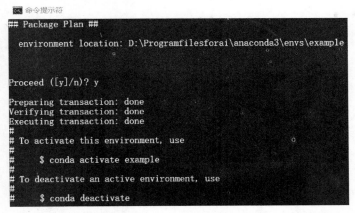

图 2-5　创建优化环境——step 3-不更新 Conda，直接继续

注意：在创建新环境之前需要先运行 conda deactivate 关闭当前环境，否则会有错误提示。读者可以参考上述流程，创建名为 example1 的优化环境。为了演示 Conda 的更新，本次"是否继续"问询环节选择 n，将分别演示两种更新方案，如图 2-6 所示。

图 2-6　创建优化环境——step 3-不继续，先更新 Conda

此时会出现提示 CondaSystemExit：Exiting，并退出 Conda 系统。输入命令 conda env list，如图 2-7 所示。

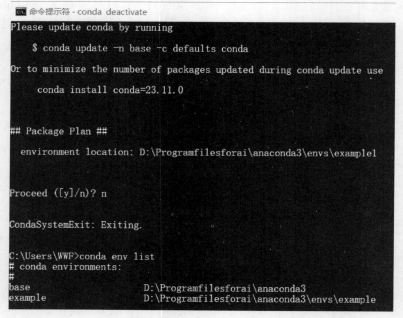

图 2-7　创建优化环境——step 4-不继续，先更新 Conda

细心的读者可以发现，图 2-7 中只有两个 Anaconda 环境，即原有环境 D:\Programfilesforai\anaconda3 和创建的 example 环境 D:\Programfilesforai\anaconda3\envs\example，第三个环境 example1 之所以还没有完成创建，是因为在安装时暂时退出了。

执行完 Conda 的更新后，需要再次进入，才能继续完成 example1 的创建。

2.4.2　更新优化系统

现在采用第一种方案更新 Conda 的系统，输入命令

```
conda update – n base – c defaults conda
```

运行结果如图 2-8 所示。命令执行所需时间取决于收集速度，可以看到一大批科学计算包被下载，总计 517MB。

在安装一批新科学计算包后，作为替换，某些旧科学计算包会被移除，如图 2-9 所示。

还有一些科学计算包不用替换，只需要升级更新，如图 2-10 所示。

有趣的是，为了与其他科学计算包兼容，还有一个科学计算包会被降级，这个被降级的科学计算包是 Scikit-learn，其版本号由 1.3.0-py311hf62ec03_0 降为 1.2.2-py311hd77b12b_1。Scikit-learn 是热门且可靠的 Python 机器学习科学计算包，拥有元学习过程中所需的各种

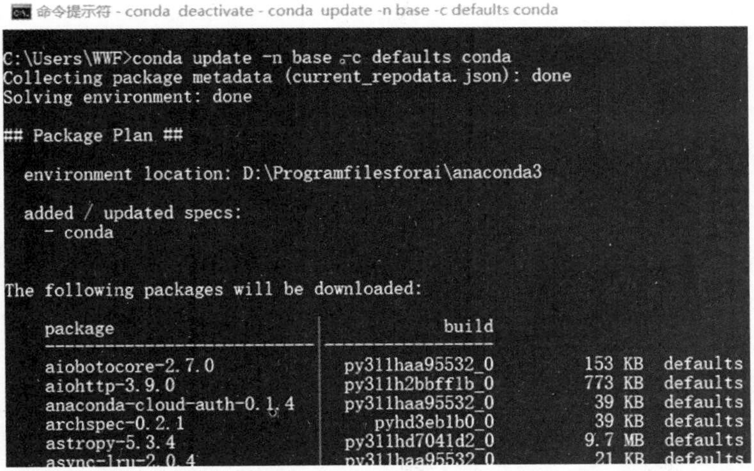

图 2-8　Conda 的更新——第一种方案-科学计算包的下载

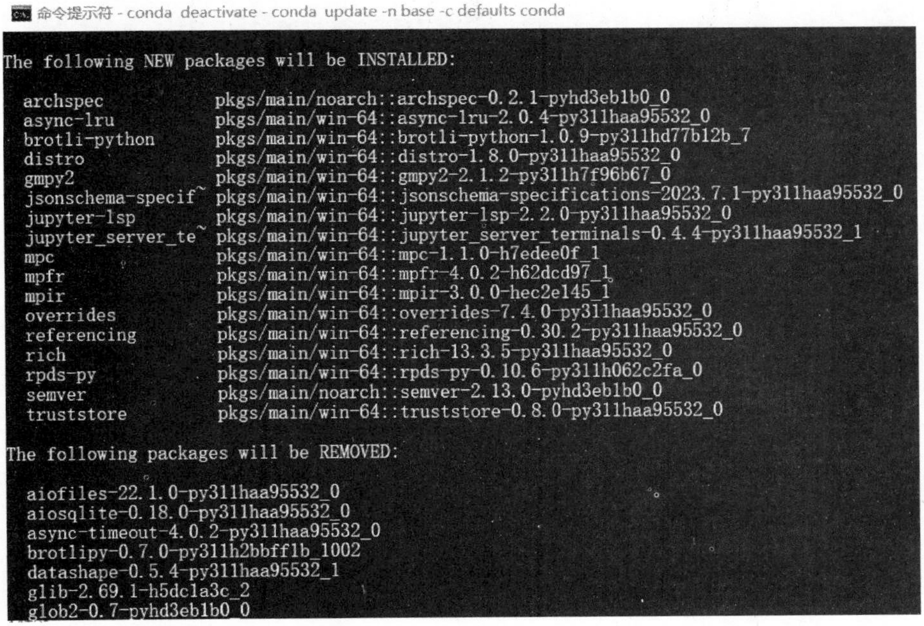

图 2-9　Conda 的更新——第一种方案- 科学计算包的替换

算法包。这些包在安装过程中也有"是否继续"的问询环节,用户确认接受上述科学计算包的下载、替换、升级、降级信息后,输入 y,才会继续安装或更新,如图 2-11 所示,运行结果如图 2-12 所示。

　　为了提高 Conda 的更新效率,在科学计算包下载的收尾阶段,安装的 3 个阶段就已经开始:Preparing、Verifying、Executing,如图 2-13 所示。

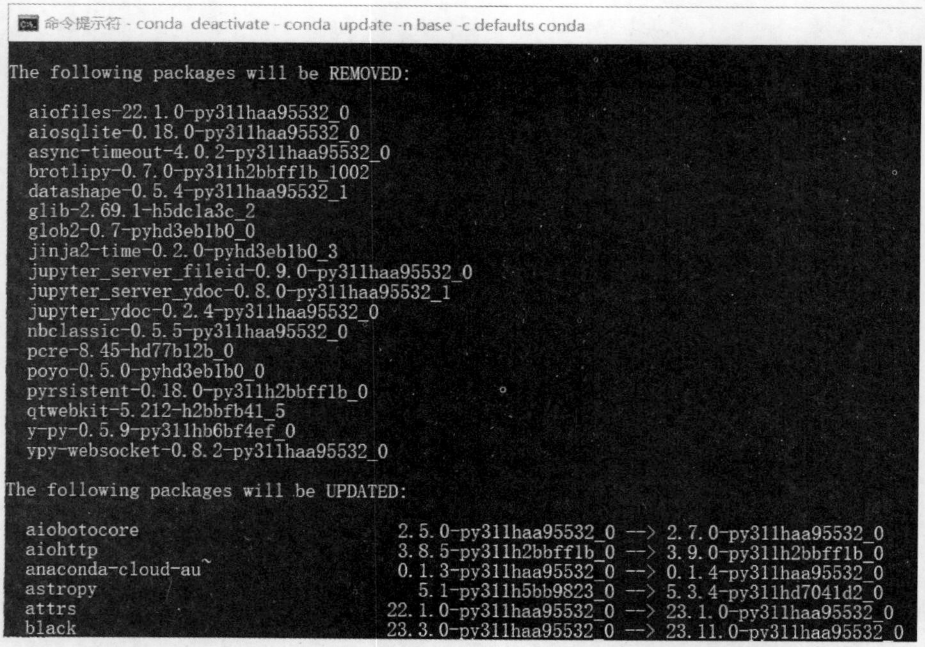

```
命令提示符 - conda deactivate - conda update -n base -c defaults conda

The following packages will be REMOVED:

  aiofiles-22.1.0-py311haa95532_0
  aiosqlite-0.18.0-py311haa95532_0
  async-timeout-4.0.2-py311haa95532_0
  brotlipy-0.7.0-py311h2bbff1b_1002
  datashape-0.5.4-py311haa95532_1
  glib-2.69.1-h5dc1a3c_2
  glob2-0.7-pyhd3eb1b0_0
  jinja2-time-0.2.0-pyhd3eb1b0_3
  jupyter_server_fileid-0.9.0-py311haa95532_0
  jupyter_server_ydoc-0.8.0-py311haa95532_1
  jupyter_ydoc-0.2.4-py311haa95532_0
  nbclassic-0.5.5-py311haa95532_0
  pcre-8.45-hd77b12b_0
  poyo-0.5.0-pyhd3eb1b0_0
  pyrsistent-0.18.0-py311h2bbff1b_0
  qtwebkit-5.212-h2bbfb41_5
  y-py-0.5.9-py311hb6bf4ef_0
  ypy-websocket-0.8.2-py311haa95532_0

The following packages will be UPDATED:

  aiobotocore                2.5.0-py311haa95532_0 --> 2.7.0-py311haa95532_0
  aiohttp                    3.8.5-py311h2bbff1b_0 --> 3.9.0-py311h2bbff1b_0
  anaconda-cloud-au~         0.1.3-py311haa95532_0 --> 0.1.4-py311haa95532_0
  astropy                     5.1-py311h5bb9823_0 --> 5.3.4-py311hd7041d2_0
  attrs                     22.1.0-py311haa95532_0 --> 23.1.0-py311haa95532_0
  black                     23.3.0-py311haa95532_0 --> 23.11.0-py311haa95532_0
```

图 2-10 Conda 的更新——第一种方案- 科学计算包的升级更新

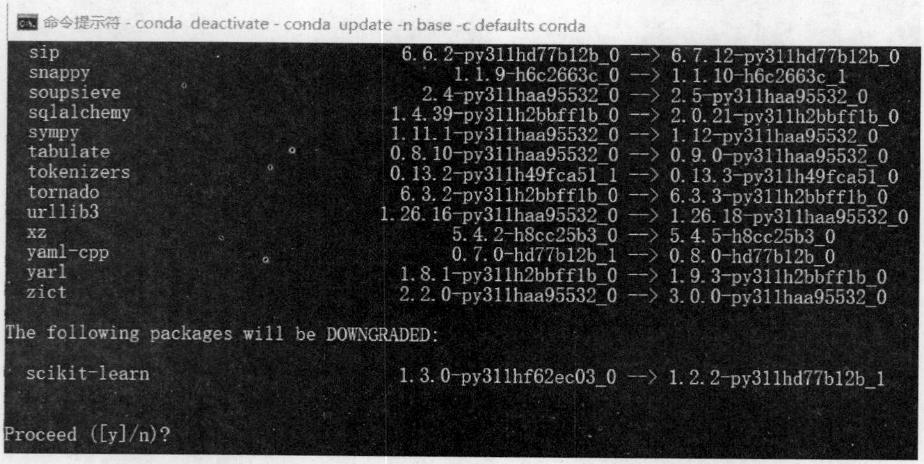

```
命令提示符 - conda deactivate - conda update -n base -c defaults conda
  sip                        6.6.2-py311hd77b12b_0 --> 6.7.12-py311hd77b12b_0
  snappy                          1.1.9-h6c2663c_0 --> 1.1.10-h6c2663c_1
  soupsieve                    2.4-py311haa95532_0 --> 2.5-py311haa95532_0
  sqlalchemy               1.4.39-py311h2bbff1b_0 --> 2.0.21-py311h2bbff1b_0
  sympy                    1.11.1-py311haa95532_0 --> 1.12-py311haa95532_0
  tabulate                 0.8.10-py311haa95532_0 --> 0.9.0-py311haa95532_0
  tokenizers               0.13.2-py311h49fca51_1 --> 0.13.3-py311h49fca51_0
  tornado                   6.3.2-py311h2bbff1b_0 --> 6.3.3-py311h2bbff1b_0
  urllib3                 1.26.16-py311haa95532_0 --> 1.26.18-py311haa95532_0
  xz                              5.4.2-h8cc25b3_0 --> 5.4.5-h8cc25b3_0
  yaml-cpp                        0.7.0-hd77b12b_1 --> 0.8.0-hd77b12b_0
  yarl                      1.8.1-py311h2bbff1b_0 --> 1.9.3-py311h2bbff1b_0
  zict                      2.2.0-py311haa95532_0 --> 3.0.0-py311haa95532_0

The following packages will be DOWNGRADED:

  scikit-learn              1.3.0-py311hf62ec03_0 --> 1.2.2-py311hd77b12b_1


Proceed ([y]/n)?
```

图 2-11 Conda 的更新——第一种方案- 科学计算包的确认

所有下载更新完成后，运行界面会自动清空，如图 2-14 所示。

如果希望尝试第二种更新方案，输入 conda install conda＝23.11.0，此时会启动在第 1 章设置的镜像下载源。但由于已经用第一种方案完成了更新，所以系统会很快识别出，并快速结束运行，并提示 All requested packages already installed，如图 2-15 所示。

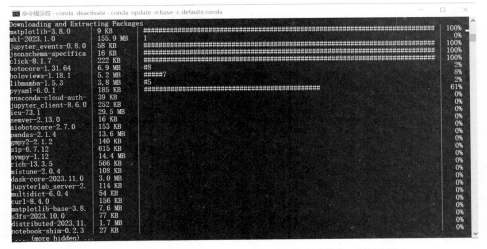

图 2-12　Conda 的更新——第一种方案-科学计算包下载更新中

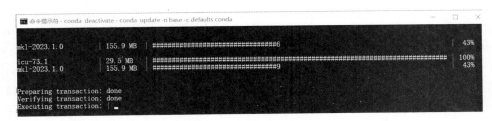

图 2-13　Conda 的更新——第一种方案- 安装的 3 个阶段

图 2-14　Conda 的更新——第一种方案- 科学计算包更新完成

图 2-15　Conda 的更新——第二种方案- 所有的科学计算包已安装

现在输入 conda --version，也可以看到已经是最新版，如图 2-16 所示。至此，已经完成科学计算包的更新。

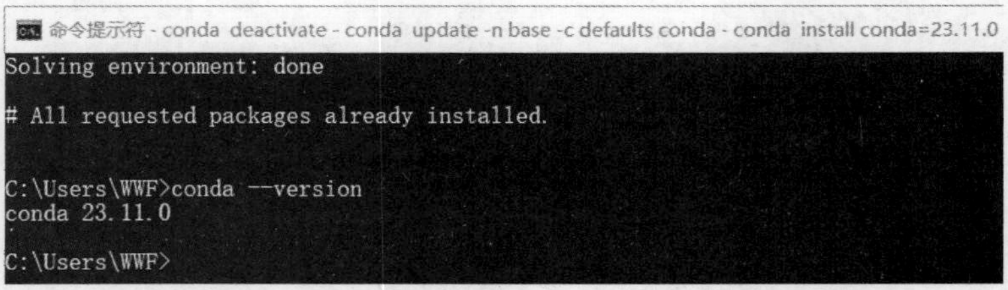

图 2-16　Conda 的更新——第二种方案的结果确认

2.4.3　安装编程内核

在 Anaconda 开发平台下，元学习模型编程可以通过 Jupyter、Spyder、Pycharm、VS Code、Text Editor 等编辑器实现代码的设计与调试。Anaconda 下的 Jupyter 称为 JupyterLab，可以理解为模块化的 Jupyter Notebook。Jupyter Notebook 是一种交互式笔记本，支持 40 多种编程语言，因其脱胎于 IPython 项目，也曾被称为 IPython Notebook。Spyder 是一个简单的 Python 集成开发环境，模仿了 MATLAB 的工作空间功能。VS Code 是 Visual Studio Code 的简称，是一种跨平台源代码编辑器，支持 C++、C♯、Java、Python、PHP 等编程。PHP 英文全称为 Hypertext Preprocessor，即超文本预处理器，是在服务器端执行的脚本语言，适用于 Web 开发并可嵌入 HTML 中。Text Editor，顾名思义，就是文本编辑器，支持多种编程语言的语法高亮显示，使得代码更加清晰易读。MAML 模型代码是用 PyCharm 编写的，但在 Anaconda 开发平台下无法直接安装免费的社区版 PyCharm，需要先单独安装，然后再与 Anaconda 关联。本章先安装编程内核，并用 Jupyter 和 Spyder 编写代码。

打开命令行窗口，输入命令

```
conda activate example
```

运行结果如图 2-17 所示，说明已经成功进入刚才创建的 example 环境。

图 2-17　安装 Python 编程内核——step 1-激活 example 环境

在 example 环境中继续输入命令

```
conda install ipykernel
```

安装过程中会自动接入第 1 章设置的镜像下载源,运行结果如图 2-18 所示。

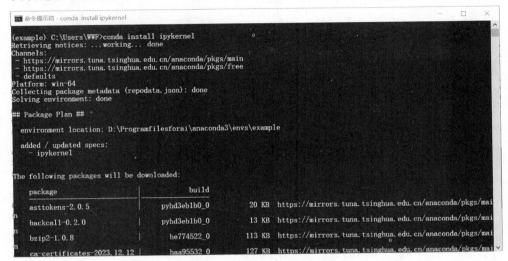

图 2-18 安装 Python 编程内核——step 2-准备安装 ipykernel

图 2-18 中显示的 ipykernel 是 Conda 系统中支持 Python 编程的内核。ipykernel 的安装也会涉及一系列科学计算包的下载及安装,其总计 58.9MB。

这些新科学计算包不仅支持 PyCharm,也支持 IPython、Jupyter 等,如图 2-19 所示。

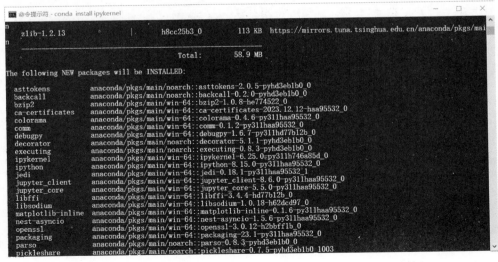

图 2-19 安装 Python 编程内核——step 2-即将安装的新科学计算包

在进行安装前,仍然会出现"是否继续"的问询,如图 2-20 所示。输入 y,运行结果如图 2-21 所示。

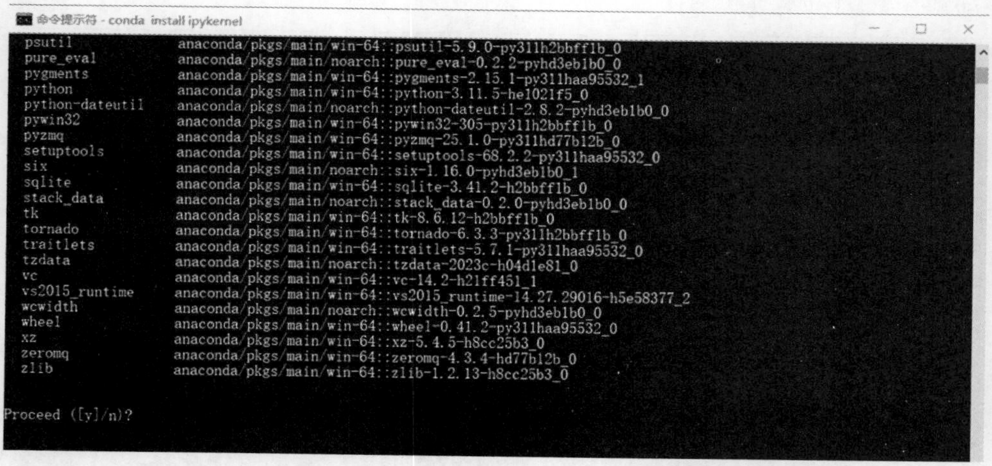

图 2-20　安装 Python 编程内核——step 2-"是否继续"的问询

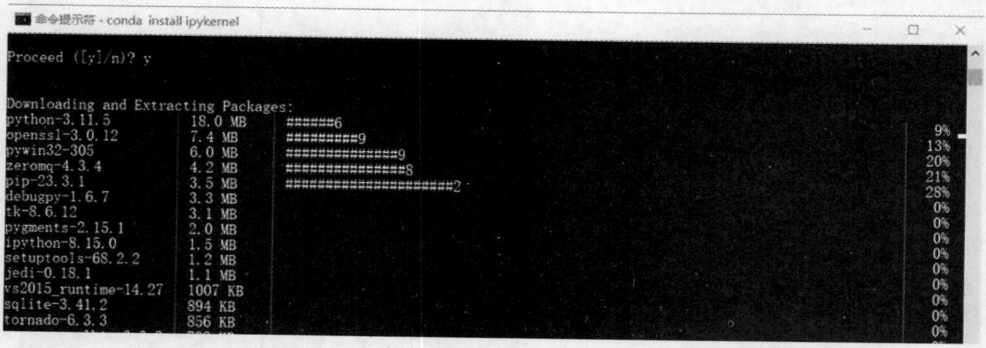

图 2-21　安装 Python 编程内核——step 2-开始下载科学计算包

完成科学计算包下载后,安装程序会自动完成相关安装并清空命令行窗口,如图 2-22 所示。

图 2-22　安装 Python 编程内核——step 3-下载安装完成后自动清空窗口

如果因为忙碌错过了安装过程，需确认是否安装成功，可再次输入安装命令

```
conda install ipykernel
```

系统在执行命令的过程中会很快确认已完成安装，如图 2-23 所示。

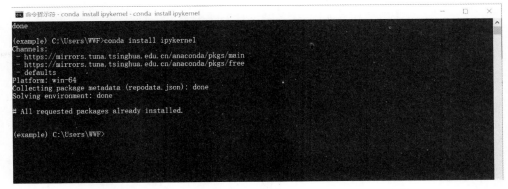

图 2-23 安装 Python 编程内核——step 3-确认已完成安装

2.5 元优化机制

2.5.1 代码编辑器

完成编程内核的安装后，可以借助第 1 章已安装的 Anaconda，接入 JupyterLab 优化平台。在 Anaconda Navigator 界面可看到 JupyterLab 和 Jupyter Notebook 版块，如图 2-24 所示。

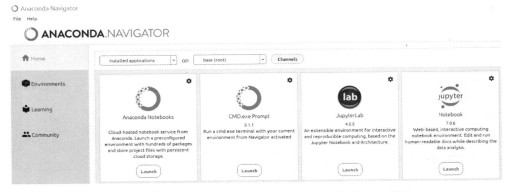

图 2-24 接入优化平台——step 1-Anaconda Navigator 界面

单击 JupyterLab 版块的 Launch 按钮，即可进入对应的代码编辑器，如图 2-25 所示。

类似地，Jupyter Notebook、Spyder 代码编辑器均可用于编写和调试 Python 代码。在 2.5.2 节，将采用 Jupyter Notebook 进行元学习模型代码的编写。

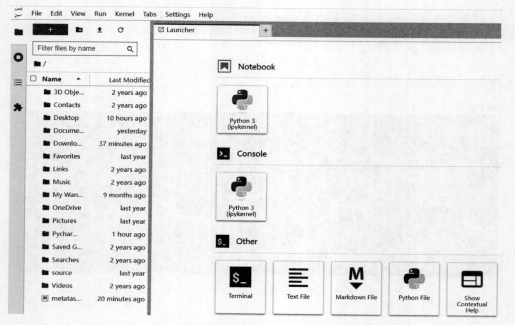

图 2-25　接入优化平台——step 2-JupyterLab

2.5.2　元优化程序

图 2-25 中界面里的首选项为 Notbook 下方的 Python3(ipykernel)，单击即可进入该代码编辑器，并会自动创建代码文件 Untitled.ipynb，可以直接用于编写代码，如图 2-26 所示。

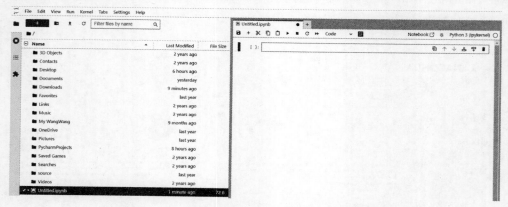

图 2-26　元优化程序编程——step 1-进入代码编辑器

不仅可以直接输入代码，也支持复制粘贴。将 2.2.3 节的模型前置代码复制进去，如图 2-27 所示。

还可以在左侧文件目录中找到 Untitled.ipynb 文件，单击右键，修改文件名为 metatask.ipynb，如图 2-28 所示。

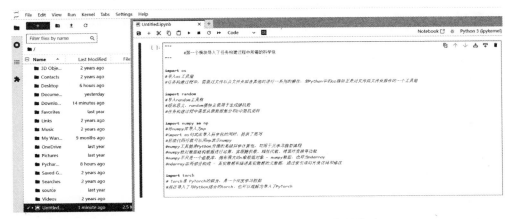

图 2-27　元优化程序编程——step 2-代码编写

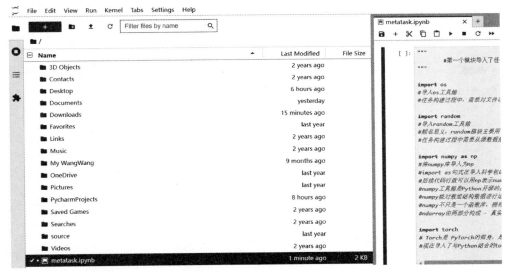

图 2-28　元优化程序编程——step 3-修改代码文件名

　　现在开始元任务构建的前置代码的调试,此外需要导入 Torch 工具包,在此之前先要为 Anaconda 安装 Torch,借助命令 install torch torchvision,可以直接安装适合当前 Anaconda 和 Jupyter 版本的 Torch。值得一提的是,在 Python 和 PyCharm 中,对应的命令为 pip install torch torchvision。Python 包的查找、下载、安装、卸载的功能均可通过 pip 工具实现。

　　大部分版本的 Python 中已经预装了 pip,它是以 Python 编程语言编写的软件包管理系统,是一个强大而实用的工具,通过命令 pip install torch torchvision 会自动安装 Torch 和 Torchvision 工具包,未指定它们的版本,是希望在安装过程中自动匹配相应版本。

　　配置完成后,单击 JupyterLab 首页下方的 Terminal 按钮,进入终端后,输入命令 install torch torchvision,如图 2-29 所示。

图 2-29　元优化程序编程——step 4-准备配置深度学习框架 Torch

按 Enter 键开始配置深度学习框架 Torch，下载并安装相应的科学计算包，如图 2-30 所示。

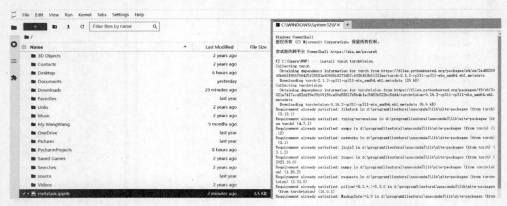

图 2-30 元优化程序编程——step 4-torch 安装进行中

安装结束后，可以看到下方的进度条变为绿色，同时也给出了 Torch 和 Torchvision 的版本信息——successfully installed torch-2.1.2 torchvision-0.16.2，如图 2-31 所示。现在对代码文件 metatask. lpynb 中的代码进行调试，单击图 2-28 右上方所示的三角按钮即可，详细信息见图 2-32。

```
Requirement already satisfied: mpmath>=0.19 in d:\programfilesforai\anaconda3\lib\site-packages (from sy
mpy->torch) (1.3.0)
Downloading torch-2.1.2-cp311-cp311-win_amd64.whl (192.3 MB)
                192.3/192.3 MB 3.8 MB/s eta 0:00:00
Downloading torchvision-0.16.2-cp311-cp311-win_amd64.whl (1.1 MB)
                1.1/1.1 MB 5.1 MB/s eta 0:00:00
Installing collected packages: torch, torchvision
Successfully installed torch-2.1.2 torchvision-0.16.2
PS C:\Users\WWF> []
```

图 2-31　元优化程序编程——step 4-下载安装完成

图 2-32　元优化程序编程——step 4-运行代码的三角按钮

为显示代码运行结果,在代码文件 metatask.ipynb 结尾补充一行命令:

```
print("元优化程序调试成功!");
#用于确认代码运行完毕
#print()函数可用于变量、输出字符串和数值类型,也可用于格式化输出,类似于 C 语言中的
#printf()函数
```

然后,单击用于执行代码的三角按钮,运行结果如图 2-33 所示。

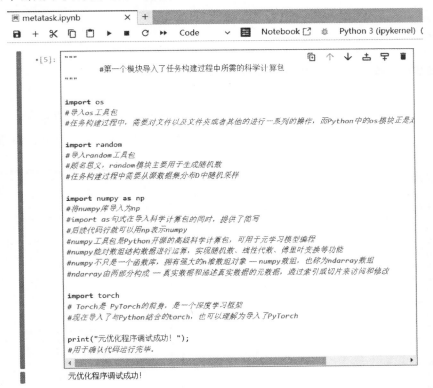

图 2-33　元优化程序编程——step 4-代码文件 metatask.ipynb 的运行结果

2.5.3　元优化机制

借助 Jupyter 代码编辑器,相继完成 2.3 节的单元划分代码、标签分配代码、任务生成代码的编写,并分别命名为 metaunits.ipynb、metalabels.ipynb、metatasks.ipynb。

为了显示代码运行结果,在代码文件 metaunits.ipynb 结尾补充一行命令

```
print("小样本单元划分算法调试成功!");
#用于确认代码运行完毕
```

然后,单击用于执行代码的三角按钮,运行结果如图 2-34 所示。

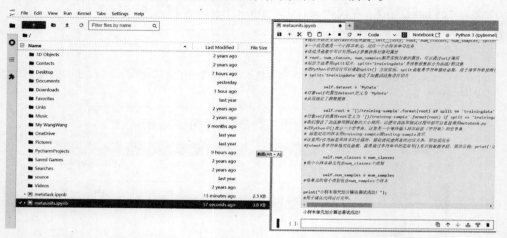

图 2-34　元优化程序编程——step 4-代码文件 metaunits. ipynb 的编写并调试成功

借助 Jupyter 代码编辑器,标签分配代码、任务生成代码如图 2-35 和图 2-36 所示。

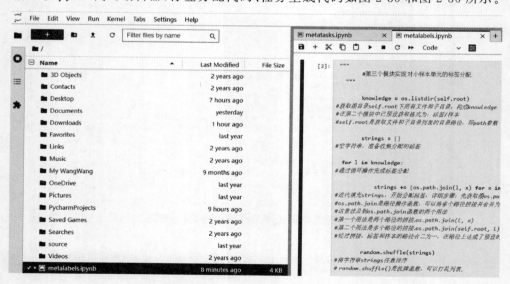

图 2-35　元优化程序编程——step 4-代码文件 metalabels. ipynb

本书前 2 章提供的代码均是在原始代码基础上改写的释义代码,侧重于帮助读者理解元学习模型的建模思路、算法思想、学习机制。图 2-35 和图 2-36 中的代码无法独立调试,后续采用 Chelsea Finn 无偿分享的原始代码编写元优化程序并进行调试,进而做应用拓展。

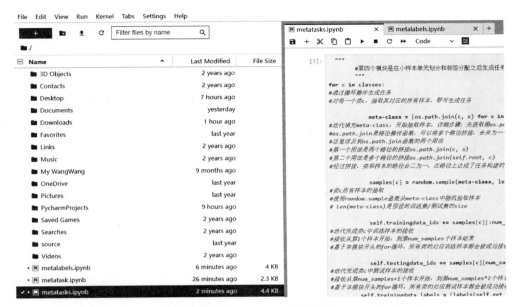

图 2-36　元优化程序编程——step 4-代码文件 metatasks. ipynb

为读者创造一个循序渐进的阅读体验,希望帮助其最终能真正理解、掌握元学习模型编程,并活学活用。

　　元优化是利用少数样本数据就能在短时间内完成新的学习任务。因此,判断一个元优化算法是否具备一定的可行性,是看其在测试集上是否能快速完成学习新任务。元优化算法根据元训练集中的任务数据进行训练学习后,更新模型参数并在测试集上测试,从而使得模型具备了一定的学习能力。

第 3 章

过程建模问题

3.1 问题描述

3.1.1 基准数据集

通过前两章的阅读,读者已经具备使用代码编辑器研究元学习算法的能力。从本章开始,章节内容的安排将在一定程度上进行升级——在问题描述阶段,即开始与代码注释结合。MAML 模型的原始代码主要采用了 2 个数据集,即 Mini-ImageNet 数据集和 Omniglot_resized 数据集。

Mini-ImageNet 数据集是 Google DeepMind 团队从 ImageNet 数据集中抽取的一小部分,大小约 3GB,共有 100 个类别,每个类别都有 600 张图像,共 60000 张(均是以.jpg 结尾的文件),而且图像的大小并不是固定的。

Omniglot_resized 数据集是 Omniglot 数据集的修正版,包含来自 50 个不同字母的 1623 个不同手写字符,构成 1623 个类别,其每个类别有 20 个样本,每个样本大小为 28×28 像素。原始代码采用的这 2 个数据集也是小样本学习常用的基准数据集。

制作 Mini-ImageNet 数据集,对普通研究人员或者开发者是一个友好的选择。ImageNet 数据集可以称得上深度学习革命的加速器,这是一个知名度非常高的开源、海量数据集。常见的目标检测、识别等算法,在完成设计后,通常需要在 ImageNet 数据集 1000 个类别的数据上进行训练以及验证。新模型的框架一般也需要先基于 ImageNet 数据集进行预训练,根据预训练模型做基线(baseline)评估。然而,这个数据集全部下载,大概有 100GB,训练过程对硬件要求也非常高,即使采用很多块高端显卡并行训练,也要花费好几天的时间。元学习模型进行了任务构建与联合训练,相比于深度学习,元训练过程对硬件要求要高出很多。因此,在元学习模型编程调试、算法应用改进中,建议采用 Mini-ImageNet 数据集代替 ImageNet 数据集。

要理解样本产生过程,就需要先了解数据集的结构。以 Mini-ImageNet 数据集为例,其根目录为 mini-imagenet,里面有 4 个子目录。第一个子目录是 images,所有的图像都存在该子目录中;其余 3 个子目录分别是 train.csv、val.csv、test.csv,分别用于保存训练集、验证集、测试集的标签文件。文件格式.CSV 的英文全称为 Comma-separated Values,即逗号分隔值,主要用于在程序之间转换表格数据。这类文件以纯文本形式存储表格数据,也可以转换为 Excel 表格。

Mini-ImageNet 数据集每个 CSV 文件之间的图像以及类别相互独立,共 60000 张图像、100 个类别。作为元学习领域的基准数据集,标签文件并不是从每个类别中采样的。数据集的 64% 用于训练、16% 用于验证、20% 用于测试。换言之,train. csv 子目录中包含 64 个类别的 38400 张图像,val. csv 子目录中包含 16 个类别的 9600 张图像,test. csv 子目录中包含 20 个类别的 12000 张图像。

MAML 模型的原始代码中提供了该数据集制作的模块代码,在 3.1.3 节会进行深入解读。理解数据集制作过程细节,再结合第 2 章的研究,可以完整地理解任务样本的产生过程。

3.1.2　图像尺寸调整

与 Mini-ImageNet 数据集的处理方式不同,Omniglot_resized 是对 Omniglot 中的图像尺寸调整后得到的数据集。图像尺寸调整也是服务于元学习过程建模的。Python 程序读取图像后,会将其转为矩阵向量的形式。在深度学习及元学习研究中,输入向量维数决定了输入层的网络节点数。因此,有必要统一输入向量的维度。通过一个常规的几何变换算法,就可以把 Omniglot 中的图像尺寸调整到相同的尺寸,以便于在元学习过程中进行标准化处理。在 MAML 模型的原始代码中,也提供了数据集 Omniglot 图像尺寸调整的模块,相关文件名为 resize_images. py,详细代码如下。

```python
from PIL import Image
# 从 PIL 库导入 Image 类,该类是 PIL 库中用于图像处理的函数
# 在 Python 中,需要使用 PIL(Python Image Library)库处理图像

import glob
# 导入 glob 模块,此模块可用于查找符合特定规则的路径名
# glob 是 global 的缩写,表示在 Windows 系统中进行全局搜索
# 常用函数有 glob.glob()、glob.iglob()等,后者每次只能获取一个路径名

image_path = '*/*/'
# 准备接收搜索到的图像路径, * 用于打包位置参数
# * 和 ** 属于 glob 模块,是很灵活的符号,用于解包参数、扩展序列以及对字典和集合进行操作等
# 不同的是, ** 侧重于解包关键字参数,并将这些参数打包成一个字典

all_images = glob.glob(image_path + '*')
# 完成对所有图像的全局搜索,并将其位置参数打包成一个元组 all_images
# glob.glob()函数可以同时获取所有的匹配路径,并将这些路径返回至一个列表中

i = 0
```

```
# 分类控制指标 i,其初始值为 0
for image_file in all_images:
# 对图像路径列表中的所有文件做循环处理
# all_images 是图像路径列表


    im = Image.open(image_file)
# 打开文件 image_file,并以矩阵向量形式赋值给 im,im 是 image 的简写
# Image.open()函数属于 PIL 库的 Image 模块,用于打开图像


    im = im.resize((28,28), resample = Image.LANCZOS)
# 调用 im.resize()函数,以调整图像尺寸
# 缩放过程中需要重采样
# im.resize()函数的用法是 im = im.resize(目标尺寸,重采样滤波器)
# resample,顾名思义,是重采样
# 重采样过程中消除了锯齿噪声
# Image.LANCZOS 是重采样滤波器,可以抗锯齿噪声


    im.save(image_file)
# 调用 im.save()函数,保存修改


    i += 1
# 分类控制指标 i 的值加 1


    if i % 200 == 0:
# 如果 i 除以 200 的余数等于 0,即 i = 200、400、600 等
# 每 10 个类作为一个小样本单元,每个类有 20 个样本,故而每个单元有 200 个样本
        print(i)
# 输出对应的 i 值
```

3.1.3   知识获取过程

所谓知识,其本质是一种元优化机制。这种知识的成功获取,具体体现在模型拥有了自动调整超参数的能力。在获取已有知识的基础上,模型可以快速学习新的任务。对于深度学习训练时间过长、参数微调难、新任务需要重复训练的问题,元学习模型设计的知识获取过程提供了一个全新的解决方案。知识获取的过程就是构建数据集的过程,即先生成一批服从某种分布模型的学习任务,然后通过对这批任务进行联合训练,可以得到一组较好的超参数,并赋予模型自主调参的先验知识。知识的自主应用过程对新的学习任务不用从头开始训练模型,只需要经过少数几次梯度下降,就可以完成超参数的自主微调,从而快速完成新的学习。元学习网络在现有神经网络结构的输入层、隐含层、输出层之外,新增了 meta 层,用于实现知识的获取过程。其获取的知识在整个学习过程中被全程应用,如图 3-1 所示。

图 3-1 中,θ 是元学习模型的参数,x 和 y 分别是模型的输入和输出,$\nabla_{\theta}L$ 表示任务样

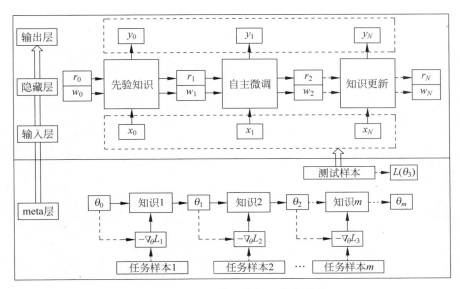

图 3-1 元学习模型的知识获取过程

本上的损失函数梯度，w、r 分别为模型权重系数及其对应的残差值（residual）。元学习的知识获取是模拟人类学会学习的过程，从而让机器学会学习。传统深度学习研究的模式是获取特定任务的海量数据集，并利用该数据集从头开始训练模型。这一训练过程构成深度神经网络的学习过程，与人类的学习过程相去甚远。人类在学习过程中，能够利用过去的经验，快速学习新任务。元学习的算法思想和训练过程主要借鉴类似的建模思路。对于每个不同的学习任务，不再需要重新训练模型。通过多次梯度下降，实现模型参数的自主微调，即可快速适应新任务。

3.2 建模思路

3.2.1 图像加载模型

知识获取始于对数据的学习，所以知识获取的第一步就是数据集加载与任务样本的输入。元学习模型的输入输出问题将在第 4 章进行研究，本节重点解释图像数据加载模型的建模思路。

图像加载模型需要考虑计算机的配置，因为图像尺寸决定进行运算处理时要求的配置。尺寸调整的基本目标是图像尺寸小于 500×500 像素，很多预训练模型甚至要求图像尺寸小于 300×300 像素。基于 3.1.2 节的代码注释，可按照如下步骤获取 Omniglot_resized 数据集。

1. 下载 Omniglot 数据集

首先，为 Conda 配置下载工具 wget，输入命令 pip install wget 即可（注意，pip 不可省略，否则会报错）。工具 wget 很小，只有 10kB，一般在两分钟内可以完成下载和安装，如

图 3-2 所示。

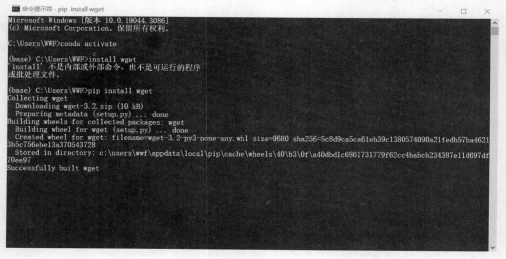

图 3-2　配置下载工具 wget

在 Python 编程中,wget 模块可以导入代码中,并用于下载数据集。顾名思义,wget＝web＋get,是通过网络下载。纽约大学助理教授 Brenden Lake 在 GitHub 网站上分享了专门用于 Python 的 Omniglot 数据集的下载链接。

本节的元学习模型代码调试主要使用其中的两个数据集——images_background 和 images_evaluation,Omniglot 数据集下载的前置代码如下所示。

```
import wget
url = \
`https://github.com/brendenlake/omniglot/blob/master/python/images_background.zip'
＃请注意,字符串符号的标记不能用引号,虽然 Word 中显示为引号

＃指定一个保存路径,指定路径的下载代码为
path = "D:\mywgetdata"
＃请注意,字符串符号的标记不能用引号,虽然 Word 中显示为引号
wget.download(url, path)
＃调用 wget 模块的 wget.download()函数
＃下载链接为 url,下载后保存路径为 path
```

参考第 2 章的方法,采用上述命令,编写代码文件 metadownload. ipynb,运行结果如图 3-3 所示。

选中一个代码行,可以看到该行结尾有 6 个按钮,分别用于复制、上移、下移、上方插入行、下方插入行、删除。Python 将这种代码行称为 cell,这些 cell 操作为编程提供的很多便利条件,有助于提高编程效率。此处,复制是 duplicate 操作,即插入一行完全相同的代码。如果需复制代码行,则需选中代码行,单击右上角"小剪刀"后的复制按钮即可。

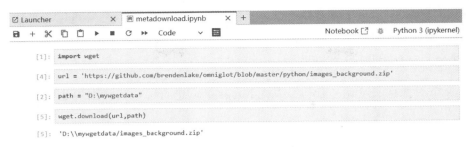

图 3-3　images_background.zip 的下载代码及运行结果

下载需要时间,请耐心等待,直到 mywgetdata 目录里出现 images_background.zip。不要重复单击运行按钮,否则可能出错,因为是网络下载,涉及网络协议。

将上述代码中的 url 链接替换为

url = https://github.com/brendenlake/omniglot/blob/master/python/images_evaluation.zip

如图 3-4 所示,重新运行代码文件 metadownload.ipynb,即可下载 images_evaluation.zip,下载完成后,将在目录中出现 images_evaluation.zip。当然,读者也可以直接单击链接,手动下载。

图 3-4　images_evaluation.zip 的下载代码及运行结果

如果希望同时下载 images_background.zip 和 images_evaluation.zip,则需要做一个 TXT 文档将两个链接都写进去。如果希望分别下载到不同的目录,也可以做一个 TXT 文档将两个路径写进去,感兴趣的读者可以去尝试。网络下载源是动态的,一段时间后,重新执行代码,可能会发现下载的两个压缩包均无法解压。此时尝试手动下载,会发现该下载链接的数据已经被上传人删除。幸运的是,还可以通过其他途径找到 Omniglot 数据集。

2. 对其子数据集进行解压

解压后,即可找到两个主要子目录 images_background、images_evaluation。感兴趣的读者也可以尝试用代码完成解压,Python 并没有提供 unzip() 方法,但通过二次调用 zip() 也可实现解压。

Step 3. 创建目录 data/omniglot,将 Step 2 得到的两个子目录复制到目录 data/omniglot 内。另一个数据集 Mini-ImageNet 的处理方法类似,下文不再赘述。

3.5.2 节会重点介绍如何配置 MAML 模型代码调试环境 Python+Pycharm。图像尺寸调整模型代码是已在 3.1.2 节注解的 resize_images.py,该代码不必执行。如感兴趣,可在命令行窗口执行,这些内容将在 3.3.1 节演示。

3.2.2　尺寸调整模型

3.1.2 节对图像尺寸调整代码 resize_images.py 进行了较为详细的注解,其核心调整代码为

```
im = im.resize((28,28), resample = Image.LANCZOS)
```

主要是通过调用 im.resize()函数,完成图像尺寸的调整。图像尺寸调整过程中,需要重采样(resample)。因此,im.resize()函数至少需要两个输入,第一个输入决定了经过调整后图像的尺寸,第二个输入决定了重采样时采用的滤波器。resize()函数还可以仅对感兴趣的区域(Region Of Interest,ROI)进行重采样,此时需要第三个输入,用法为 resize(size,resample,box)。要进行调整的图像区域参数 box,可以用 4 个坐标元组指定,核心调整代码改为

```
im = im.resize((300,200), resample = Image.LANCZOS, box = (0, 0, 150, 100))
♯把(0,0)开始的 150×100 像素图像区域放大到 300×200 像素
```

resize()函数中的 size 表示图像的宽度和高度,单位为像素。这里采用的是 Image.LANCZOS 重采样滤波器,它可以较好地处理锯齿噪声。Lanczos 算法是匈牙利数学家 Cornelius Lanczos 在 20 世纪 40 年代建立的模型,这是一种用于计算矩阵特征值和特征向量的迭代算法,已经被广泛应用于科学和工程领域的大规模矩阵计算中。对于图像尺寸的调整问题,Lanczos 算法的主要建模思路是通过正交相似变换,将对称矩阵变成对称三角矩阵,从而在很大程度上降低重采样过程中的计算复杂性。每个图像的 Hessian 矩阵都是一个对称矩阵。除了 Lanczos 算法,重采样的常用算法还有双三次插值(bicubic interpolation)、双线性插值(bilinear interpolation)、最近邻插值(nearest interpolation)等。

调整图像尺寸之前,需要先打开图像,对应的核心代码为

```
im = Image.open(image_file)
```

用于打开图像的 Image.open()函数的用法为 open(filename,mode)。除了文件名 filename,另一个输入指定了打开的模式 mode,模式可以作为 im 的属性直接调用,调用格式为 im.mode。该模型还定义了 im 的像素类型、深度信息和色彩空间 RGB、HSV 等。并可以借助代码行 print(im,mode)运行输出。除了 size 和 mode,format 也是图像的重要属性,用于表示 JPEG、PNG 等图像格式。

3.2.3　空间插值模型

在深度学习模型发展的早期阶段,由于网络结构的限制,全连接层的输入维度是固定

的,所以必须把输入图像进行归一化变换,统一为固定的尺寸。得到模型输出后,还可以再借助反变换,还原到原来的尺寸。这种早期的修正方法主要是为了适应卷积神经网络,但是随着对模型精度的进一步研究,科学家开始意识到归一化修正所带来的损失,空间插值模型由此应运而生。

事实上,只需要确保任意维度的图像都可以转换成固定的维度,就能够适应全连接层的输入,从而解除网络结构对输入图像尺寸的依赖。此外,还有一个建模思路是舍弃全连接层,直接构建全卷积神经网络。此时,输入图像的尺寸不受限制,因为卷积操作是一种类似滑动窗口扫描的处理方式。在元学习模型代码中引入调整问题,主要是考虑训练阶段的问题。模型假设训练集和测试集的大小一致,而且 batch 的读取方式也要求保持训练图像尺寸一致。

im. resize()函数可以应用的空间插值模型有很多种,除了 3.2.2 节中提到的最近邻插补模型、双线性插值模型、双三次插值模型和 Lanczos 插值模型,还有面积插值模型 AREA,即根据像素面积相关性完成重采样。空间插值模型的运用从本质上改变了图像的特征细节,在元学习模型研究过程中要注意灵活运用。当元学习模型精度达不到预期效果时,可以考虑选择不同的空间插值模型,特别是元学习面临未知的新任务及其相关的陌生图像,空间插值模型的选择将直接决定训练结果的好坏。对于质量较低的大规模数据集,空间插值模型导致的差异可能会非常明显。然而,不能简单地通过少数几次实验论证空间插值模型的优劣。一般可以借助公开的数据集做初步的评估,然后结合实际应用效果,为对应的项目选择适合的空间插值模型。

3.3　算法思想

3.3.1　文件保存算法

在 3.1.2 节注解的代码中,尺寸调整的结果需要调用 im. save()函数,以完成图像文件的保存,即

```
im. save(image_file)
```

本节主要关注代码实际应用过程中的文件保存算法。尝试在 3.1.2 节中注解代码文件 resize_images. py 的原始用法,如果遇到困难,进一步理解并修改即可。参考该代码公开的原始用法,文件处理和保存算法的完整实现步骤如下。

Step 1. 打开命令行窗口,输入命令"d:",切换到保存数据集的磁盘空间,如图 3-5 所示。注意确认保存数据集的硬盘名称。

图 3-5　文件保存算法——Step 1-从命令行窗口切换到保存数据集的磁盘空间

Step 2. 从命令行窗口输入保存数据集的完整路径,即可进入保存数据集的目录。

```
cd D:\Metalearning - 从最优化到元优化\code\第3章\data\omniglot
#cd命令适用于 DOS 系统、Linux 系统及 Windows 系统,用于进入指定的目录
```

注意确认保存数据集的路径修改,否则会有错误提示——系统找不到指定的路径。运行成功后,会显示当前已进入的目录,如图 3-6 所示。

图 3-6　文件保存算法——Step 2-从命令行窗口进入保存数据集的目录

现在可以运行此目录中的代码了。确认目录 omniglot 是否已经按照 3.2.1 节的要求进行处理,即是否已经包含了 images_background 和 images_evaluation 两个子目录。确认后,复制尺寸调整算法代码文件,即 3.1.2 节注解的 resize_images.py,并备份到目录 data/omniglot 内。

Step 3. 在命令行窗口,输入命令 python resize_images.py,按 Enter 键执行。运行结果如图 3-7 所示,该代码涉及尺寸调整。

```
Microsoft Windows [版本 10.0.22631.2861]
(c) Microsoft Corporation. 保留所有权利。

C:\Users\86155>d:

D:\>cd D:\Program Files\Tencent\WeChat file\WeChat Files\wxid_8p5j828nlek622\FileStorage\File\2024-01

D:\Program Files\Tencent\WeChat file\WeChat Files\wxid_8p5j828nlek622\FileStorage\File\2024-01>python resize_images.py
Traceback (most recent call last):
  File "resize_images.py", line 12, in <module>
    from PIL import Image
ModuleNotFoundError: No module named 'PIL'

D:\Program Files\Tencent\WeChat file\WeChat Files\wxid_8p5j828nlek622\FileStorage\File\2024-01>conda activate cactus

(cactus) D:\Program Files\Tencent\WeChat file\WeChat Files\wxid_8p5j828nlek622\FileStorage\File\2024-01>python resize_images.py

(cactus) D:\Program Files\Tencent\WeChat file\WeChat Files\wxid_8p5j828nlek622\FileStorage\File\2024-01>
```

图 3-7　文件保存算法——Step 3-resize_images.py 运行成功

元学习代码调试中,无须提前单独运行 resize_images.py 和 proc_images.py 代码文件对数据做预处理,因此,读者不必尝试运行此代码。此外,必须在执行命令之前检查并确认数据集目录及其子目录里的文件均为非只读状态,否则会被拒绝修改,进而导致运行失败。

3.3.2　目录创建算法

为方便在元学习过程中调用数据,完成样本任务的构建与联合训练,需要进行文件目录创建。在 Python 编程中,可以导入 os 模块达成这些目标。模块 os 称为标准模块,可用于实现以下目录的创建。

（1）os. getcwd（）函数用于获取当前工作目录；

（2）os. mkdir（）函数用于创建新的目录；

（3）os. makedirs（）函数用于递归创建目录；

（4）os. remove（）函数用于删除指定文件；

（5）os. rmdir（）函数用于删除非空目录；

（6）os. listdir（）函数用于返回指定目录下文件或子目录名字的列表。

特别地，MAML 模型代码对于 Mini-ImageNet 数据集的处理涉及目录创建，现仍然采用模块切割的办法，将代码分解为 5 个简单的小模块，以便做通俗易懂的解释。其对应的核心代码及其算法思想详细注解如下。

```
"""
                #第一个模块导入目录创建过程中所需的科学计算包
"""

from __future__ import print_function
# 从 __future__ 模块导入 print_function 输出特性
# 该特性将 print 语句解析为 print()函数，以便在当前安装的版本中使用最新版的 print()函数
# 模块_future_很灵活，且很强大
# 该模块的原理是，通过修改 Python 解释器的行为以适应未来的 Python 版本。相较于当前 Python
# 版本，未来版本可能增加或修改一些特性
# 模块_future_提供的新特性带有预测性质，但被广泛认可。甚至有观点认为，_future_模块中存在
# 的特性终将成为 Python 语言标准的一部分，届时将不再需要使用 Python 的_future_模块

import csv
# 导入 Python 自带的 csv 模块
# 该模块的 open()函数可打开 CSV 文件，并与 csv. reader()、csv. writer()函数结合，读取和写入文件
# 目录信息源于 CSV 文件，此文件格式的英文全称为 Comma - Separated Values，即逗号分隔值，主要
# 用于在程序之间转移表格数据。这类文件以纯文本形式存储表格数据，也可转换为 Excel 表

import glob
# 导入 glob 模块。该模块可用于查找符合特定规则的文件路径名，glob 是 global 的缩写，即在
# Windows 下进行全局搜索。常用函数有 glob. glob()、glob. iglob()等，后者每次只能获取一个路
# 径名

import os
# 导入 os 模块，以便完成对文件或目录的操作

from PIL import Image
# 从 PIL 库导入 Image 类。Image 类用于图像处理
# 在 Python 中，需要使用 PIL 库来处理图像。PIL 英文全称为 Python image library


"""
                #第二个模块获取目录创建过程中所需的文件路径名
```

```
"""

path_to_images = 'images/'
#准备接收搜索到的图像路径

all_images = glob.glob(path_to_images + '*')
#完成所有图像的全局搜索,并将其路径位置参数打包成一个元组 all_images
#glob.glob()函数可以同时获取所有的匹配路径,并将这些路径返回至一个列表中
# * 用于打包位置参数, + 用于连接字符串,避免路径名的混连
# * 和 ** 属于 glob 模块,是很灵活的符号,用于解包参数、扩展序列以及对字典和集合进行操作等
#不同的是, ** 侧重于关键字参数的解包,并将这些参数打包成字典
```

3.3.3　文件读取算法

目录创建过程中,应同时进行文件的读取,以确保算法效率。

如前所述,尺寸调整是数据集处理的必要环节。在深度学习及元学习研究中,输入向量维数决定了输入层的网络节点数。3.1 节和 3.2 节解释了 Omniglot 数据集的尺寸调整方法,Mini-ImageNet 数据集的处理方法也是类似的。不同的是,Mini-ImageNet 数据集还涉及目录创建和文件读取的过程,其目录创建算法已在 3.3.1 节进行了解释。

在文件读取之前,需要先执行图像尺寸调整,对应的核心代码及其注释如下。

```
"""
#第三个模块完成文件读取之前所需的图像尺寸调整操作
"""
for i, image_file in enumerate(all_images):
#对图像路径列表中的所有文件做循环处理
#enumerate()函数用于枚举
#单词 enumerate 有枚举、列举的含义
#与 Omniglot 的图像尺寸调整方法不同,此处的 i 与 image_file 同步进入 for 循环
#all_images 是图像路径列表

im = Image.open(image_file)
#打开文件 image_file,并以矩阵向量形式赋值给 im,im 是 image 的简写
#Image.open()函数属于 PIL 库的 Image 模块,用于打开图像

im = im.resize((84, 84), resample = Image.LANCZOS)
#调用 im.resize()函数,调整图像尺寸,此处该函数的目标尺寸是(84,84)
#resample,顾名思义,是重采样,重采样过程中消除了锯齿噪声
#Image.LANCZOS 是重采样滤波器,可以抗锯齿噪声
#缩放过程中需要借助重采样滤波器,以便保持图像质量

im.save(image_file)
```

```
# 调用 im.save()函数,以保存修改

if i % 500 == 0:
# 如果 i 除以 500 的余数等于 0,即 i = 500、1000、1500 等
# 每 100 个类作为一个小样本单元,每个类有 5 个样本,故而每个单元有 500 个样本

print(i)
# 输出对应的 i 值

"""
# 第四个模块完成目录创建过程中的文件读取
"""
for datatype in ['train', 'val', 'test']:
# 3 轮循环,依次是训练集、验证集和测试集
# datatype 有数据类型的含义,此处将数据归并为 3 类

os.system('mkdir ' + datatype)
# 在当前系统下,为当前循环的 datatype 创建目录
# os.system()函数主要用于执行与操作系统相关的命令
# os.mkdir()函数用于创建新的目录
# 对应当前循环的 datatype 创建
# 循环结束后将产生 train、val、test 3 个目录
# 此处, + 用于连接字符串,避免目录名称的混连

with open(datatype + '.csv', 'r') as f:
# 在为当前循环的 datatype 打开对应的 CSV 文件,完成冒号后的操作之后,自动关闭文件
# 在下述代码中,被打开的 CSV 文件将被简写为 f
# with open()函数用于打开文件,并在使用完后自动关闭,以免后续编辑权限受到限制
# 此处, + 用于连接字符串,避免 datatype 名称的混连

reader = csv.reader(f, delimiter = ',')
# 调用 csv.reader()函数,完成 with open()函数对应的操作
# 操作对象为 f,即上一行代码中打开的 CSV 文件
# 该操作类型在调用 with open()函数时已经声明
# 上一行代码中的 r 是 reader 的简写
# 单词 delimiter 有分隔符的含义
# 在文件读取过程中采用逗号分隔符

"""
# 第五个模块完成文件读取过程中的标签分配,该模块是第四个模块的内嵌模块
"""
    last_label = ''
# 定义标签分配的收尾符
# 标签分配结束后,以''结尾
        for i, row in enumerate(reader):
```

```
# 对 reader 列表中的所有字符串做循环处理
# enumerate()函数用于枚举
# 单词 enumerate 有枚举、列举的含义
# reader 列表中包含了 i 与 row,这两个指标同步进入 for 循环
# reader 列表已在文件读取的外层循环中定义
                if i == 0:
# 冒号前为操作前提
                    Continue
# 冒号后为具体操作
# 如果 i == 0,则跳过本次循环,返回至第一行


                label = row[1]
# 第一行是标签字符串


                image_name = row[0]
# 标签名称的前一行,即第 0 行,为图像名称


                if label != last_label:
# 如果当前标签不等于收尾符,则执行冒号后的操作
                    cur_dir = datatype + '/' + label + '/'
# 具体操作是标签分配,首先是 datatype 与 label 的匹配,并打包为 cur_dir
# 此处,+ 用于连接字符串,避免 datatype 名称与 label 字符串的混连
                    os.system('mkdir ' + cur_dir)
# 继续完成操作,现在将目录字符串归并到 cur_dir
# 至此,为已创建的目录分配 datatype、label 已完成,下一步还需要对应到图像文件


                    last_label = label
# 标签分配完成


                os.system('mv images/' + image_name + ' ' + cur_dir)
# 将 image_name 字符串归并到 cur_dir
# 至此,完成目录创建的最后一步
# 此处,+ 用于连接字符串,避免在归并过程中导致字符串的混连
# mv 是 os.system()函数中的命令,可以实现很灵活的操作
# 用法为 os.system('mv 文件名称' + 路径名称)
```

3.4 最优化方法

3.4.1 随机抽样过程

　　元学习过程建模的关键思想是,通过随机抽取元训练数据中的类,划分小样本单元,完成任务构建,以进行联合训练,最终提取跨任务的元知识。因此,随机抽样方法的选择是过程建模的关键一步。在开源的 MAML 模型代码中,主要通过 Python 中的 random 模块实

现随机抽样,并在随机抽样的基础上构建一批小样本学习任务,然后借助样本学习、最优化的方式完成每一个学习任务。

现将过程建模中的随机抽样环节、样本学习环节的代码及其对应的最优化方法依次详细注解,并将代码分解为 6 个简单的小模块,以便读者轻松理解元学习过程建模的细节,如下所示。

```python
"""
                # 第一个模块导入元学习过程建模所需的科学计算包
"""

import numpy as np
# 将 NumPy 库导入为 np
# import as 句式在导入科学计算包的同时,提供了简写
# 后续代码行可以用 np 表示 numpy
# 该工具包是 Python 开源的高级科学计算包,可用于元学习模型编程
# 能对数组结构数据进行运算,实现对随机数、线性代数、傅里叶变换等的操作
# 它不只是一个函数库,更是拥有强大的 n 维数组对象——numpy 数组,也称为 ndarray 数组
# ndarray 数组由两部分构成——真实数据和描述真实数据的元数据,可通过索引或切片来访问和修改


import os
# 导入 os 模块,以便对目录中的图像进行抽样


import random
# 导入 random 模块,该模块主要用于生成随机数
# 任务构建过程中需要从数据集分布 D 中随机采样


import tensorflow as tf
# 导入 tensorflow 模块,并简写为 tf
# TensorFlow 是一个端到端的开源机器学习框架


from tensorflow.contrib.layers.python import layers as tf_layers
# 从 tensorflow.contrib.layers.python 模块导入 layers 工具,并简写为 tf_layers
# layers 工具主要用于访问模型的层次细节,从而在元学习过程中可以轻松完成建模


from tensorflow.python.platform import flags
# 从 tensorflow.python.platform 模块导入 flags 工具
# flags 工具主要用于定义、获取命令行参数,以便完成样本学习


FLAGS = flags.FLAGS
# 引入全局参数 tensorflow.python.platform.flags.FLAGS,并简写为 FLAGS
# 在样本学习环节,将使用 FLAGS 解析命令行参数


"""
```

```
            # 第二个模块实现元学习过程中的随机抽样环节
    """

    def get_images(paths, labels, nb_samples = None, shuffle = True):
    # 定义抽样函数 get_images()
    # get_images()函数有 4 个输入,前两个输入分别是路径、标签
    # 第三个输入是要抽取的样本数,nb_samples 是 number of samples 的简写
    # None 表示 nb_samples 被解析为空值,等待输入
    # 第四个输入是洗牌方法,即打乱次序的方式
    # True 表示每次都会返回不同的次序
    # get_images()函数将采用随机抽样算法

    if nb_samples is not None:
    # 当输入的 nb_samples 值满足条件时,执行此冒号后的操作
      sampler = lambda x: random.sample(x, nb_samples)
    # 从路径 x 无放回随机抽样,抽取 nb_samples 个样本,保存到小样本单元 sampler。基于小样本单
    # 元的任务构建是通过循环调用此代码模块而完成的
    # random.sample()函数用于无放回地随机抽样
    # 函数 lambda 是 Python 的一个很灵活的创新,被称为匿名函数,有时候也称为 lambdas
    # 用法为 lambda 输入变量:函数表达式
    # 在任意一行代码中,函数 lambda 允许随时进行嵌入式定义,只需要一个表达式就可以完成表达式
    # 的计算结果也很方便得到,直接将输入变量值代入表达式即可

    else:
    # 当输入的 nb_samples 值没有满足条件时,执行此冒号后的操作
    sampler = lambda x: x
    # 将 None 保存到小样本单元 sampler,此时 x = nb_samples = None
    # lambda 后变量的含义由对应的表达式决定,此时的 x 不表示路径

    images = [(i, os.path.join(path, image)) \
    # 对每个文件 image,进行 os.path.join(path, image)操作,并将结果归并到 images
    # 此番归并,将配合下一步的 for 循环进行迭代,以完成每个小样本单元的标签分配
    # os.path.join()函数是路径操作函数,可以将多个路径拼接、合并为一个新的路径
    # 此处,os.path.join()函数实现 path 与 image 路径的拼接
    # 依据下一步 for 循环代码,可以将此处的 path 理解为标签 labels 的路径
    # 与下一步的循环控制指标 i 配对,标签和 image 路径合二为一,从而预设了标签分配格式

      for i, path in zip(labels, paths) \
    # zip(labels, paths)中的每一对指标 i 和 path 进入同步循环
    # zip()函数函数能将多个可迭代对象打包成一个元组,而每个元组包含来自所有可迭代对象的相
    # 同索引位置上的元素。所以 zip(classes, labels)将标签和类别的字符串索引合二为一,在索引上
    # 达成了预设的标签分配格式

      for image in sampler(os.listdir(path))]
    # 将小样本单元 sampler 中的每一个 image 加入嵌套循环
```

```
#os.listdir(path) 返回 path 目录下所有 image 的列表


if shuffle:
# 如果条件满足,执行此冒号后的操作
# 笔者认为,if shuffle 在这里的含义是 if shuffle == True
  random.shuffle(images)
# 将 images 次序打乱,然后随机抽样


    return images
# 至此,已完成 get_images()函数的定义,该函数的返回值为抽取的 images
```

3.4.2　样本学习过程

如前所述,过程建模主要包括随机抽样、样本学习及其对应的最优化过程。在 3.4.1 节中,已经详细注解了随机抽样的代码。样本学习主要是通过卷积操作和最大池化操作来实现,在元学习系统完成卷积后,需要先经过归一化过程,之后才进行最大池化操作。

在解释样本学习代码模块之前,需要先介绍一下步长(stride)的概念。在 Python 中,stride 作为一个有趣的概念被引入,并用于提高图像处理算法的性能,主要是基于两方面的原因。一方面,图像矩阵数据排列紧密,如按行操作会频繁读取非对齐内存,从而影响效率。另一方面,CPU 的工作原理也要求内存访问对齐,否则会触发硬件非对齐访问错误。

当 CPU 需要取 m 个连续字节时,若内存起始位置的地址可以被 m 整除,则称为对齐访问。若不被整除,则称为非对齐访问。由于图像维度的多样性,非对齐访问几乎是无法避免的。stride 的概念限定了图像矩阵中一行元素所占存储空间的长度,实现了强制性的对齐访问。|stride|≥图像宽度(byte)值,有可能会造成部分内存浪费。因此,使用时要确保内存充裕。

在样本学习环节,stride 是一个有符号数,可以理解为卷积操作和池化操作的步幅。如从下而上滑动,图像将拥有一个负的 stride 值。stride＝m,相当于把图像尺寸缩小到原来的 $1/m$,处理速度提升了 m 倍。代码里的 stride 是长度为 4 的一维向量,即 stride＝[batch, horizontal, vertical, channel]。步长的 4 个分量依次代表 batch、水平、垂直、channel 4 个维度上的滑动步长。其中,batch 维度是小样本单元维度,当 batch＝1 时,不会跳过任何一个样本;channel 维度是颜色通道维度,当 channel＝1 时,不会跳过任何一个颜色通道。

Tensorflow 框架中一般采用 stride＝[1,1,1,1] 或 stride＝[1,2,2,1]。在元学习过程建模代码中,两者皆被采用。但是,令 stride＝[1,2,2,1],将 [1,1,1,1] 记为 no_stride,可突出 2 种步幅的差异。当最大池化方式为 VALID 时,采用 [1,2,2,1],否则采用[1,1,1,1]。事实上,4 个维度的分量均为 1,即没有任何跳过的情况,就是 no stride。由此可见,stride 主要用于协助完成样本学习过程中的最大池化操作。在 TensorFlow 框架下,最大池化操作可以借助 tf.nn.max_pool()函数实现。

tf.nn.max_pool()函数的具体用法为 tf.nn.max_pool(conv_outp，stride1，stride2，max_pool_pad，name)。此处，第一个输入 conv_outp，是卷积层的输出结果，一般是先卷积再池化。stride1、stride2 分别是池化、卷积操作的步幅，max_pool_pad 是最大池化的方式。第五个输入是操作的名称 name。其中，pad 是 padding 的简写，有 SAME 和 VALID 两种方式。受限于池化窗口大小和步幅，图像部分区块可能缺失。SAME 方式是对池化后的图像矩阵进行补零操作，而 VALID 方式是进行舍弃操作，2 种方式得到的输出维度不同。此函数的返回值是特征图 feature map。在 TensorFlow 框架下被解释为一个四维张量 Tensor＝[batch，height，width，channels]。

现在，将解释过程建模代码的第三个模块。

```
"""
              #第三个模块实现过程建模中的样本学习过程
"""

def conv_block(inp, cweight, bweight, reuse, scope, activation = tf.nn.relu, max_pool_pad =
'VALID', residual = False):
    #定义卷积模块函数 conv_block()，conv 是 convolutional 的简写，单词 convolutional 有卷积的含义
    '''
    #conv_block()函数有 8 个输入，分别为 inp、cweight、bweight、reuse、scope、activation、max_pool_
    pad 和 residual。其中，inp 是输入样本 input 的简写，cweight 是卷积层的权重系数，bweight 是与
    偏差 bias 对应的权重系数，reuse 规定了这些参数是否重复使用，scope 给出了这些参数共享的范
    围，activation、max_pool_pad、residual 分别代表激活函数、最大池化空间、是否考虑残差
    '''
    #pad 是 padding 的简写，单词 padding 有填充的含义，这里定义了学习内容之间的空间属性

stride, no_stride = [1,2,2,1], [1,1,1,1]
# 定义两种滑动窗口：有跳跃 stride = [1,2,2,1]，无跳跃 no_stride = [1,1,1,1]
#引入 no_stride，以减少 stride 造成的内存浪费


    if FLAGS.max_pool:
#当条件满足时，执行此冒号后的操作
# 条件 if FLAGS.max_pool 是 if max_pool_pad == 'VALID'的简写
#在第二个模块已经引入全局参数 tensorflow.python.platform.flags.FLAGS，简写为 FLAGS
conv_output = tf.nn.conv2d(inp, cweight, no_stride, 'SAME') + bweight
#执行的操作为卷积，输出结果为 tf.nn.conv2d(inp, cweight, no_stride, 'SAME') + bweight
# 在最大池化方式为 VALID 的前提下，无须跳跃，直接调用 tf.nn.conv2d()函数，计算 2D 卷积结果
#因为 no_stride = [1,1,1,1]，此时最大池化方式为 VALID，所以卷积过程中无须跳跃
#tf.nn 是 TensorFlow 专为神经网络设计的模块化接口，具体包含卷积、池化、线
#性等操作和损失函数 loss 的计算等，nn 是 neural network 的简写
# tf.nn 中的每一个模块都是神经网络层次化结构中的某一层。conv2d 是其中的二维卷积层
#'SAME'表示采用 SAME 卷积计算公式，即在卷积输出时，特征图的尺寸保持不变
```

```
else:
# 当条件没有满足时,执行此冒号后的操作
conv_output = tf.nn.conv2d(inp, cweight, stride, 'SAME') + bweight
# 在最大池化方式为 SAME 的前提下,调用 tf.nn.conv2d()函数,先跳跃,再计算 2D 卷积结果
# 因为 stride = [1,2,2,1],此时最大池化方式为 SAME,所以卷积过程中需要分别在水平维度和垂
# 直维度进行跳跃,跳跃的步幅为 2


# 以上代码是归一化之前的卷积操作
 normed = normalize(conv_output, activation, reuse, scope)
# 归一化过程可调用 normalize()函数实现,该函数是自定义函数
# normalize()函数有 4 个输入,分别为 conv_output、activation、reuse 和 scope,是自定义函数,其
# 具体定义将在过程建模代码的第四个模块进行展示
# 归一化之前的卷积结果 conv_output 也作为 normalize()函数的输入


# 以下代码为归一化之后的最大池化操作
if FLAGS.max_pool:
# 当条件满足时,执行此冒号后的操作
#  条件 if FLAGS.max_pool 是 if max_pool_pad == 'VALID'的简写
  normed = tf.nn.max_pool(normed, stride1, stride2, max_pool_pad)
# 池化过程可调用函数 tf.nn.max_pool 实现,这是一个自定义函数
#  tf.nn.max_pool()函数有 4 个输入,分别为 normed、stride1、stride2 和 max_pool_pad
# 最大池化结果仍然记为 normed,因为最大池化是在归一化之后进行的
# 池化和卷积均采用同一个步幅 stride = [1,2,2,1]
# 此时,最大池化方式为 VALID,输出图像矩阵中缺失的元素将被舍弃


return normed
# 卷积模块函数 conv_block()的定义到此结束
# 该函数的返回值是归一化之后的最大池化结果


"""
            # 第四个模块定义样本学习环节的归一化过程
"""


def normalize(inp, activation, reuse, scope):
# normalize()函数有 4 个输入,分别为 inp、activation、reuse 和 scope。其中,inp 是输入样本
# input 的简写,activation 代表激活函数,reuse 规定模型参数是否重复使用,scope 给出这些参数
# 共享的范围

  if FLAGS.norm == 'batch_norm':
  # 当此条件 1 满足时,执行此冒号后的操作
# 这里 batch_norm 用于计算模型的 BN 层(英文 batch normalization,批归一化处理层)
# BN 层与激活函数层分别是卷积与池化的前置层
  return tf_layers.batch_norm(inp, activation_fn = activation, reuse = reuse, scope = scope)
# 此时,normalize()函数的返回值为 tf_layers.batch_norm()函数的当前计算结果
```

```
＃tf_layers.batch_norm()函数用于计算 BN 层,有 4 个输入,分别为 inp、activation_fn、reuse 和
＃scope。此处,inp 是 input 的简写,activation_fn = activation 指定当前激活函数为默认的
＃activation,设定 reuse = reuse 和 scope = scope 是为跟踪参数。其中,reuse 规定模型参数是否
＃重复使用,scope 给出参数共享的范围。BN 层用于反馈中间层数据分布的变化


elif FLAGS.norm == 'layer_norm':
＃当此条件 2 满足时,执行此冒号后的操作
＃此处的 layer-norm 也是用于计算模型的 BN 层,有两种归一化维度不同的计算方式,都是先计算
＃一个 batch 中所有通道的参数均值和方差,然后进行归一化。在自然语言处理中只需要使用输入
＃张量的第一维度,而在图像处理中对维度的操作则采完全不同
＃张量有一维、二维、三维、四维等。图像矩阵就是二维张量,加入深度信息就成为三维张量,一批三
＃维张量可以打包成一个四维张量
return tf_layers.layer_norm(inp, activation_fn = activation, reuse = reuse, scope = scope)
＃此时,normalize()函数的返回值为 tf_layers.layer_norm()函数的当前计算结果
'''
＃tf_layers.layer_norm()函数用于计算 BN 层,有 4 个输入,分别为 inp、activation_fn、reuse 和
＃scope。此处,inp 是 input 的简写,activation_fn = activation 指定当前激活函数为默认的
＃activation,设定 reuse = reuse 和 scope = scope 是为跟踪参数。其中,reuse 规定模型参数是否
＃重复使用,scope 给出参数共享的范围。BN 层用于反馈中间层数据分布的变化
'''
＃如果条件 1 和条件 2 都没有满足,必然满足条件 3
elif FLAGS.norm == 'None':
＃条件 3 FLAGS.norm == 'None'表示未明确如何计算模型的 BN 层
＃当条件 3 满足时,执行此冒号后的操作


＃分两种情况:
  if activation is not None:
＃条件 3－1 表示未明确如何计算模型的 BN 层,但是指定了激活函数
＃当不满足条件 1 和条件 2,但满足条件 3－1 时,执行此冒号后的操作
return activation(inp)
＃此时 normalize()函数的返回值为激活函数的当前计算结果


  else:
＃此时,不仅未明确如何计算模型的 BN 层,也没有指定激活函数
＃当不满足条件 1 和条件 2,且不满足条件 3－1 时,执行此冒号后的操作
return inp
＃此时 normalize()函数的返回值为当前的输入结果
```

3.4.3　最优化过程

本书以问题为导向,对元学习模型的建模思路、算法思想、最优化方法和元优化机制展开系统化的研究。以元学习的经典模型 MAML 为例,前两章主要探讨元学习模型中的联合训练问题与任务构建问题,第 3 章主要分析过程建模问题,最后两章将分别研究元学习模型的输入输出问题和应用拓展问题。通过前面章节的阅读,读者已经获得必要的前期积累。

接下来,将以通俗易懂的语言,并结合对应的模型代码,解释元学习模型的最优化方法,即损失函数作为最优化目标的收敛方法。

```
"""

            # 第五个模块定义过程建模中的第一类最优化目标——均方误差 MSE

"""

def mse(pred, label):
# 定义 mse()函数,顾名思义,是将损失函数定义为均方误差
# 均方误差 MSE 的英文全称为 mean-square error,用于反映预测值与真实值之间的差异程度
# 在第 2 章对任务构建问题的分析过程中,已将关注焦点集中在监督学习
# 预测值 pred 是模型输出的标签,真实值 label 是图像的真实标签
# pred 是 predicted label 的简写,单词 predicted 有预测的含义

pred = tf.reshape(pred, [-1])
# 无法预知 pred 当前的 shape
# 但目标是明确的,希望重新调整为一列

label = tf.reshape(label, [-1])
# 无须关注 label 当前的 shape
# 目标是明确的,希望重新调整为一列

  return tf.reduce_mean(tf.square(pred-label))
# mse()函数的返回值为 tf.reduce_mean(tf.square())函数的当前计算结果
# tf.square(pred-label)是调用 square 模块计算 pred-label 中每一个元素的平方值
# tf.reduce_mean()函数用于计算张量 tf.square(pred-label)沿指定数轴上的平均值,指定的
# 轴是指该张量的第一维度。tf.reduce_mean(tf.square(pred-label))函数构成了均方误差 MSE
# 的计算公式


"""

            # 第六个模块实现过程建模中的第二类最优化目标:交叉熵 XENT

"""

def xent(pred, label):
# 定义 xent()函数,顾名思义,是将损失函数定义为交叉熵
# 交叉熵 XENT 的英文全称为 cross entropy,用于反映预测值与真实值概率分布间的差异程度
# 交叉熵损失函数 xent()作为最优化的目标函数,具有明显优势
# 可以根据交叉熵损失函数 xent()的二阶导数,判断最优化目标函数的凸性或者凹性
# 根据最优化目标函数的凸性或者凹性,可判断元学习模型训练过程中是否会陷入局部最优解
```

```
＃注意 TensorFlow 的版本,低版本的 TensorFlow 可能计算出错误的二阶导数。3.5 节将给出解决方案

    return tf.nn.softmax_cross_entropy_with_logits(logits = pred, labels = label) / FLAGS.
update_batch_size
＃xent()函数的返回值是一个平均损失,FLAGS.update_batch_size 代表当前学习的样本数,因此
＃tf.nn.softmax_cross_entropy_with_logits/FLAGS.update_batch_size 的当前计算结果就是当前
＃的平均损失
＃tf.nn.softmax_cross_entropy_with_logits()函数有 2 个输入。其中,logits 取当前预测值
＃在元学习模型中,tf.nn.softmax_cross_entropy_with_logits()函数是 softmax 激活函数和交叉
＃熵损失函数的结合体,用于计算多任务联合训练过程中的多分类损失,形成有全局指导意义的最
＃优化目标
```

3.5   元优化机制

3.5.1   元优化过程

元优化过程中调用的科学计算包主要来自 tensorflow.python.framework 工具包,该工具包包含元学习过程中的最优化机制(简称为元优化机制)。TensorFlow 集成了 Python 的常用开发框架 python.framework,这是一组用于简化和加速 Python 应用程序开发的库和工具。tensorflow.python.framework 工具包提供了一系列预定义的功能和结构,以便开发者能够快速构建、测试和维护应用程序。tensorflow.python.framework 工具包中的 ops (operations)模块是一个非常重要的组件,用于管理和监控系统运行状态。

本节所解释的元优化机制,主要包括元优化过程中科学计算包的 3 方面的机制,即导入机制、梯度下降机制和最大池化机制。现将代码分解为 3 个简单的小模块,以便读者轻松理解元优化机制的细节。

首先看元优化科学计算包的导入机制,核心代码如下。

```
"""
        ＃第一个模块导入元优化过程中所需的科学计算包
"""

from tensorflow.python.framework import ops
＃从工具包 tensorflow.python.framework 导入 ops
＃完成导入后,即可使用 tensorflow.python.ops 模块

from tensorflow.python.ops import array_ops
＃从 tensorflow.python.ops 模块导入 array_ops
＃科学计算包 array_ops 中包含优化过程中的常用函数和类
＃array 是排序的意思,即按照使用频率进行排序

from tensorflow.python.ops import gen_nn_ops
```

> ＃从 tensorflow.python.ops 模块导入 gen_nn_ops
> ＃科学计算包 gen_nn_ops 包含优化过程中的常用神经网络操作
> ＃gen、nn 分别是 generate、neural network 的简写

3.5.2　拓展优化环境

元优化科学计算包的使用涉及对优化机制的理解。在解释元优化过程中的梯度下降机制之前，先拓展完成 Python＋PyCharm 的环境配置，此配置将在第 5 章用于 MAML 模型源代码的调试。感兴趣的读者，可以尝试在 Anaconda 下直接调试，那将是一个有趣的探索过程。

Python 的安装过程比较简单，打开如图 3-8 所示的官网。首先找到与计算机系统对应的安装包。单击 Downloads 按钮，可以看到 All releases（所有版本）、Source code（源代码）、Windows（Windows 系统对应的版本）、macOS（macOS 系统对应的版本）、Other Platforms（其他系统和平台对应的版本）、License（许可证，包括一些使用条款）、Alternative Implementations（包含 Python 安装配置的替代方式，主要是一些传统方式）选项，图 3-9 为操作系统是 Windows10 时的选择。

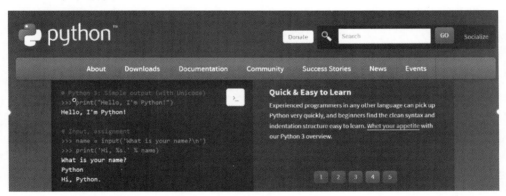

图 3-8　打开 Python 官网

图 3-9　单击 Downloads 按钮并找到对应系统的选项

不建议下载最新版，因为最新版对应的工具包可能还没有发布。也不建议下载太老的版本，因为部分支持库不适用于旧版本的 Python。笔者的计算机操作系统是 64 位，选择的版本为 Python 3.7.4，单击对应的链接 Windows x86-64 executable installer，即可下载该版

本的安装包,预计 5 分钟左右完成,如图 3-10 所示。

Files

Version	Operating System	Description	MD5 Sum	File Size	GPG
Gzipped source tarball	Source release		68111671e5b2db4aef7b9ab01bf0f9be	23017663	SIG
XZ compressed source tarball	Source release		d33e4aae66097051c2eca45ee3604803	17131432	SIG
macOS 64-bit/32-bit installer	macOS	for Mac OS X 10.6 and later	6428b4fa7583daff1a442cba8cee08e6	34898416	SIG
macOS 64-bit installer	macOS	for OS X 10.9 and later	5dd605c38217a45773bf5e4a936b241f	28082845	SIG
Windows help file	Windows		d63999573a2c06b2ac56cade6b4f7cd2	8131761	SIG
Windows x86-64 embeddable zip file	Windows	for AMD64/EM64T/x64	9b00c8cf6d9ec0b9abe83184a40729a2	7504391	SIG
Windows x86-64 executable installer	Windows	for AMD64/EM64T/x64	a702b4b0ad76debdb3043a583e563400	26680368	SIG
Windows x86-64 web-based installer	Windows	for AMD64/EM64T/x64	28cb1c608bbd73ae8e53a3bd351b4bd2	1362904	SIG
Windows x86 embeddable zip file	Windows		9fab3b81f8841879fda94133574139d8	6741626	SIG
Windows x86 executable installer	Windows		33cc602942a54446a3d6451476394789	25663848	SIG
Windows x86 web-based installer	Windows		1b670cfa5d317df82c30983ea371d87c	1324608	SIG

图 3-10　单击对应的按钮,下载最新版本的 Python 安装包

下载完成后的安装包文件名为 python-3.7.4-amd64.exe,双击该 EXE 文件,即可安装该版本的 Python,注意勾选 Add Python 3.7 to PATH 复选框,如图 3-11～图 3-13 所示。

| 🐍 python-3.7.4-amd64 | 2022/9/25 17:03 | 应用程序 | 26,056 KB |

图 3-11　最新版本的 Python 安装包已下载完成

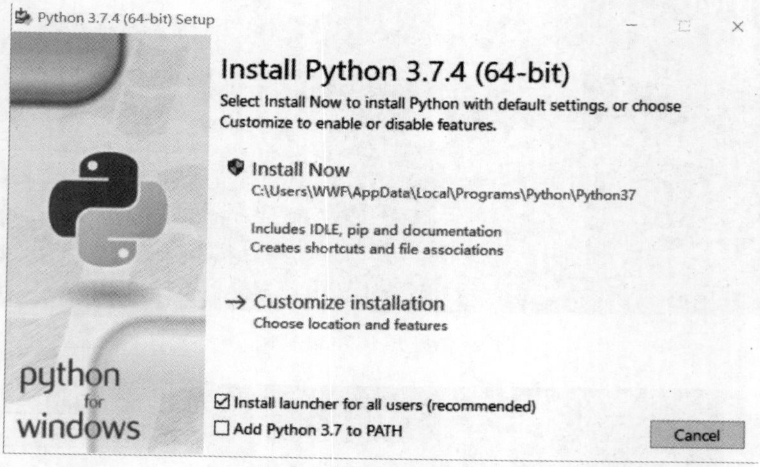

图 3-12　启动 Python 3.7.4 的安装

这里的 Customize installation 是自定义安装方式,可以选择安装路径和具体的安装内容。选择自定义安装方式,勾选所有 Optional Features 下的选项,如图 3-14 所示。

Install Now 按钮是快捷安装方式,在计算机中对应的直接安装路径(即快捷安装的位置)为 C:\Users\WWF\AppData\Local\Programs\Python\Python37,这是安装程序自动选择的路径。注意,其中默认包含了 IDLE(Python 的集成开发环境)、pip(Python 的包管理工具)及 Documentation(相关文件、文档)。这种安装方式还默认产生 Python 运行的快

图 3-13 安装正式开始之前，勾选 Add Python 3.7 to PATH 复选框

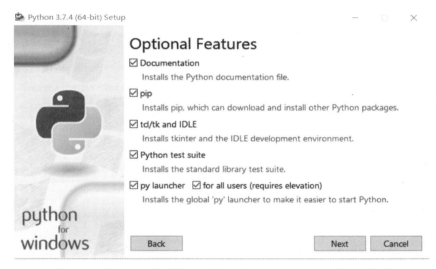

图 3-14　选择自定义安装，勾选所有"Optional Features"下的选项

捷方式（shortcuts）和文件打开方式的关联性（file associations）。

　　单击 Next 按钮，还可以看到其他高级选项，如图 3-15 所示。

　　此处保留已勾选的高级选项，然后单击 Browse 按钮更改安装路径，如图 3-16 所示。

　　单击"确定"按钮，安装路径已修改为 D:\Programfilesforai\Python，如图 3-17 所示。

　　单击 Install 按钮，弹出是否允许 Python 3.7.4 对该设备进行修改的确认信息，单击"I Agree"按钮，即可开始安装。由于只勾选了少数高级选项，安装过程不到一分钟即可完成，如图 3-18 所示。

　　安装完成后，出现安装成功的提示，如图 3-19 所示。

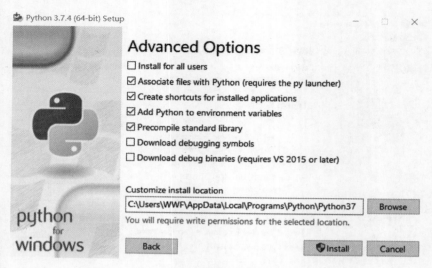

图 3-15　单击 Next 按钮后看到的其他高级选项

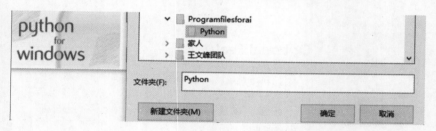

图 3-16　单击 Browse 按钮更改安装路径

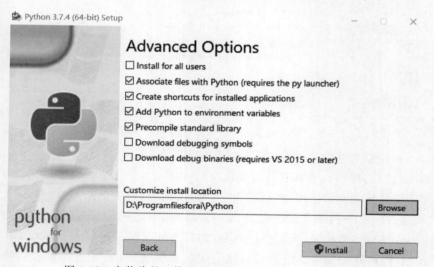

图 3-17　安装路径已修改为 D:\Program filesforai\Python

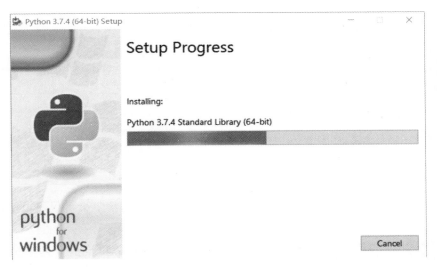

图 3-18　Python 3.7.4 的安装过程

图 3-19　安装成功后出现的提示

　　该版本对 Python 初学者(new to Python)是友好的,提供在线教程(online tutorial)和辅助文档(documentation),读者可以选择对应的选项自行查阅学习。同时,上述安装成功界面也提示了扩展名为.py 的文件可以在 Python 内打开。读者还可以查看 what's New In Python 3.7 内的相关文档以了解该版本的新特性及如何在 Windows 系统上使用该版本(using Python on Windows),如图 3-20 所示。

　　需要注意的是,如果出现 Disable path length limit 提示信息,则是在提醒和引导去修改计算机配置(machine configuration),直接单击此按钮,弹出是否允许 Python 3.7.4 对该设备进行修改的对话框,单击"I Agree"按钮,即可完成修改。修改后的安装成功界面就没

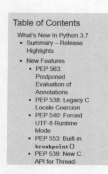

What's New In Python 3.7

Editor: Elvis Pranskevichus <elvis@magic.io>

This article explains the new features in Python 3.7, compared to 3.6. Python 3.7 was released on June 27, 2018. For full details, see the changelog.

Summary – Release Highlights

New syntax features:

- PEP 563, postponed evaluation of type annotations.

Backwards incompatible syntax changes:

图 3-20　Python 3.7 的新特性

有 Disable path length limit 提示了。单击 Close 按钮完成安装,接下来可以简单验证 Python 是否真的安装成功。

图 3-21　Python 3.7.4 自带的 IDLE

单击屏幕左下方的按钮,可以看到 IDLE(Python 3.7.4 自带的集成开发环境),如图 3-21 所示。

单击 IDLE(Python 3.7 64 bit)按钮,启动 Python,在弹出的 Python 3.7.4 Shell 中输入一个简单的程序,然后按 Enter 键运行该程序。如果可以看到运行结果,说明 Python 3.7.4 安装成功。在 Python 3.7.4 Shell 中有 File(文件创建、打开、保存)、Edit(文件编辑)、Shell(脚本查看和调试)、Debug(调试)、Options(高级选项)、Window(* Shell IDLE 3.7.4)、Help(帮助)选项,如图 3-22 所示。

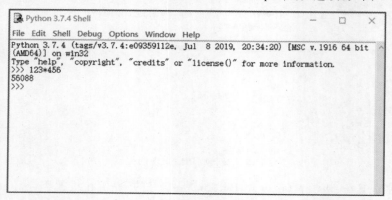

图 3-22　通过一个简单程序验证 Python 是否安装成功

也可以在 Python 命令行窗口进行验证。单击屏幕左下方"展开"旁的下拉箭头,可以看到 Python 3.7(64 bit)选项,单击此选项可以打开 Python 命令行窗口,如图 3-23~图 3-25 所示。

输入相同的简单程序,然后按 Enter 键运行该程序,可以看到相同的运行结果,如图 3-26 所示。

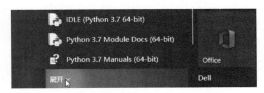

图 3-23　找到"展开"旁的下拉箭头并单击按钮

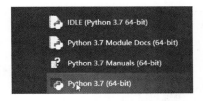

图 3-24　看到 Python 3.7（64 bit）选项

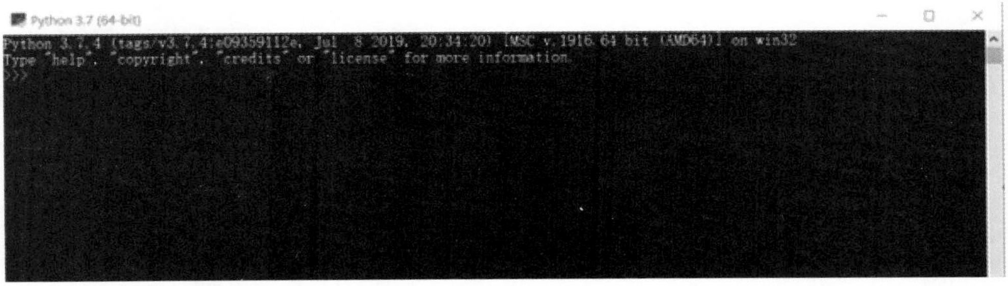

图 3-25　单击 Python 3.7（64 bit）选项后，出现 Python 命令行窗口

图 3-26　通过一个简单程序验证 Python 是否安装成功

元学习模型编程所需的科学计算包托管在 Anaconda 上，也可以直接通过 PyCharm 调用，所以需要先安装 Anaconda 和 PyCharm，已经在前两章完成 Anaconda 的安装配置。PyCharm 是 JetBrains（捷克的软件公司）开发的 Python 集成开发环境，有 Professional（专业版）和 Community（社区版）两种，其官网下载页面如图 3-27 所示。

此处选择下载免费的社区版（于 2022 年 2 月 2 日发布），如图 3-28 和图 3-29 所示。

双击 EXE 文件 pycharm-community-2022.2.2，可以启动安装。在弹出的第一个窗口中单击 Next 按钮，在新弹出的窗口中单击 Browse 按钮以修改安装路径，继续单击 Next 按钮,在弹出的窗口中勾选所有选项,再次单击 Next 按钮,如图 3-30~图 3-32 所示。

图 3-27 PyCharm 官网下载页面

图 3-28 社区版(PyCharm)
正在下载

图 3-29 已下载的 PyCharm 安装包

图 3-30 在弹出的第一窗口中单击 Next 按钮

图 3-31　在新弹出的窗口中单击 Browse 按钮以修改安装路径

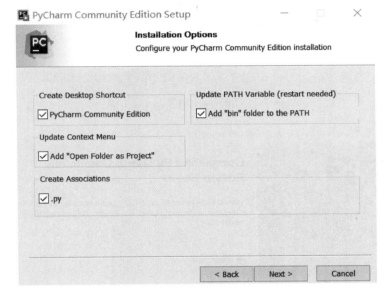

图 3-32　勾选所有安装选项

单击 Next 按钮，在弹出的窗口中单击 Install 按钮，即可完成安装，如图 3-33 所示。

安装完成后，需要重启计算机（选择 Reboot now 选项，并单击 Finish 按钮），如图 3-34 所示。

此时，可以在计算机桌面上看到 PyCharm 的图标，双击此图标即可打开 PyCharm。在弹出窗口中选择 Do not import settings 选项，并单击 OK 按钮即可启动 PyCharm，如图 3-35 所示。

成功启动 PyCharm 后出现的界面如图 3-36 所示。在左侧可以看到 4 个选项，分别为 Projects（项目）、Customize（自定义）、Plugins（插件，包括设置 PyCharm 操作界面语言为中文）、Learn PyCharm（学习 PyCharm）。其中，Projects 用于人工智能项目的开发，右侧对应有 New Project（创建新项目）、Open（打开已有项目）、Get from VCS（从之前配置的 GitHub 账号里获取该账号拥有的项目）3 个功能。

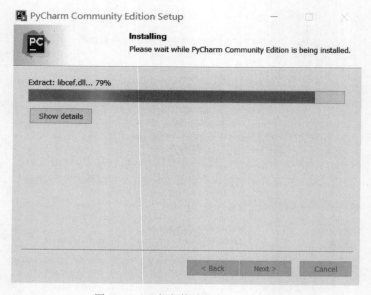

图 3-33　正在安装社区版 PyCharm

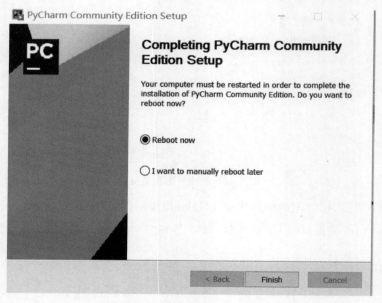

图 3-34　完成社区版 PyCharm 的安装

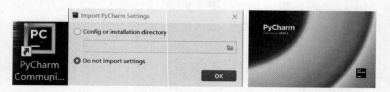

图 3-35　通过快捷方式启动 PyCharm

图 3-36　成功启动 PyCharm 后的界面

在右侧下方还可以看到 Take a quick onboarding tour 提示信息,意思是"你只需要花费 7 分钟,就可以熟悉 PyCharm 界面并学会在智能辅助下进行 Python 编程"。单击底部的 Start Tour 按钮,根据提示熟悉 PyCharm 界面。元学习代码调试所需的 PyCharm 配置将在第 4 章进行讲解。

3.5.3　最大池化过程

众所周知,TensorFlow 提供了比较完备的优化框架,但 TensorFlow 自带的科学计算包无法完全解决最优化过程中的二阶求导问题。因此,对过程建模而言,更为关键的还是梯度下降机制,其核心代码如下。

```
"""
# 第二个模块注册元优化过程中所需的新 op
"""

@ops.RegisterGradient("MaxPoolGrad")
# 注册一个新 op,并命名为 MaxPoolGrad,加入 ops,用于计算梯度
```

```
# 顾名思义,主要用于计算最大池化梯度
# 作为一个深度学习框架,TensorFlow 提供了大量的基本操作
# 基本操作可任意组合并设计出比常用神经网络更强大的算法,使用优化技术的开发简单高效
# 在元学习模型编程中,还会涉及一些不易实现的操作,此时就有必要注册新的 op
```

注册一个名为 MaxPoolGrad 的 op,主要是为了方便自定义梯度。换言之,MaxPoolGrad 作为一个新 op,可用于最大池化梯度的定义。该定义将有助于理解元优化过程中的最大池化机制,相关定义的核心代码如下。

```
"""
# 第三个模块定义了用 op 和 grad 完成最大池化的过程
"""
def _MaxPoolGradGrad(op, grad):
# 定义 _MaxPoolGradGrad()函数,顾名思义,两个 grad 连写表示连续两次求导
# 该函的输入为 op 和 grad
# 这里将计算出 3 个梯度值

    gradient = gen_nn_ops._max_pool_grad(op.inputs[0], op.outputs[0],
            grad, op.get_attr("ksize"), op.get_attr("strides"),
            padding = op.get_attr("padding"), data_format = op.get_attr("data_format"))
# 反池化梯度 gradient 可以用 gen_nn_ops._max_pool_grad()函数计算
# 其本质是计算最大池化的反向传播梯度,因此也称为反池化函数
# 该函数有 7 个输入,依次为 op 的输入和输出模块、待求导梯度、op 自带的两个属性以及空间属
# 性、数据格式

    gradgrad1 = array_ops.zeros(shape = array_ops.shape(op.inputs[1]), dtype = gradient.
dtype)
# 第一个二阶导数 gradgrad1 是调用 array_ops.zeros()函数计算的
# array_ops.zeros()函数的输入为 shape 和 dtype,dtype 直接采用 gradient.dtype
# 在 gradgrad1 中,shape 采用 array_ops.shape(op.inputs[1])

gradgrad2 = array_ops.zeros(shape = array_ops.shape(op.inputs[2]), dtype = gradient.
dtype)
# 第二个二阶导数 gradgrad2 也可以调用 array_ops.zeros()函数计算
# array_ops.zeros()函数的输入为 shape 和 dtype,dtype 直接采用 gradient.dtype
# 在 gradgrad2 中,shape 采用 array_ops.shape(op.inputs[2])

    return (gradient, gradgrad1, gradgrad2)
# _MaxPoolGradGrad()函数的返回值为 3 个梯度
# 3 个梯度值依次为上述计算得到 gradient、gradgrad1 和 gradgrad2
```

第 4 章

输入输出问题

4.1 问题描述

4.1.1 源代码下载

要解释元学习模型的输入输出，需要先理解代码结构。在前两章提供的代码是在原始代码基础上改写的释义代码，侧重于帮助读者理解元学习模型的建模思路、算法思想、学习机制。第 3 章已经采用 Chelsea Finn 无偿分享的原始代码，分析元学习过程建模问题中的建模思路、算法思想、最优化方法和元优化机制。

MAML 模型原始代码可以在 Chelsea Finn 的 GitHub 主页下载。进入主页，单击 Code 旁的三角按钮，在下拉列表中选择 Download ZIP，如图 4-1 所示。

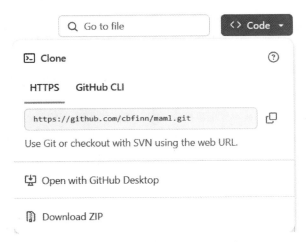

图 4-1 元学习模型的源代码下载

下载完成并解压后，文件列表如图 4-2 所示。

如图 4-2 所示，data 目录已创建，其中包含数据集 omniglot、miniImagenet 的子目录。在子目录中分别有 1 个以 .py 为扩展名的文件，即 resize_images.py 和 proc_images.py，这

data	2024/1/4 7:42	文件夹	
logs	2024/1/4 7:42	文件夹	
.gitignore	2019/3/1 9:00	GITIGNORE 文件	2 KB
init	2019/3/1 9:00	JetBrains PyChar...	0 KB
data_generator	2019/3/1 9:00	JetBrains PyChar...	10 KB
LICENSE	2019/3/1 9:00	文件	2 KB
main	2019/3/1 9:00	JetBrains PyChar...	18 KB
maml	2019/3/1 9:00	JetBrains PyChar...	13 KB
README.md	2019/3/1 9:00	MD 文件	1 KB
special_grads	2019/3/1 9:00	JetBrains PyChar...	1 KB
utils	2019/3/1 9:00	JetBrains PyChar...	3 KB

图 4-2　MAML 模型原始代码文件列表

两个代码文件在第 3 章已经进行了详细的解释。之所以放在 data 目录,说明它们分别供两个数据集 Omniglot、Mini-ImageNet 调用。如前所述,不需要运行代码文件,只需要下载相关数据集(可扫描本书前言中提供的二维码下载),然后解压并复制到的子目录中即可。

4.1.2　免费授权许可

图 4-2 中的 LICENSE 文件包含 Chelsea Finn 提供的免费授权许可。

MIT License

Copyright（c）2017 Chelsea Finn

Permission is hereby granted, free of charge, to any person obtaining a copy of this software and associated documentation files（the "Software"）, to deal in the Software without restriction, including without limitation the rights to use, copy, modify, merge, publish, distribute, sublicense, and/or sell copies of the Software, and to permit persons to whom the Software is furnished to do so, subject to the following conditions：

The above copyright notice and this permission notice shall be included in all copies or substantial portions of the Software.

THE SOFTWARE IS PROVIDED "AS IS", WITHOUT WARRANTY OF ANY KIND, EXPRESS OR IMPLIED, INCLUDING BUT NOT LIMITED TO THE WARRANTIES OF MERCHANTABILITY, FITNESS FOR A PARTICULAR PURPOSE AND NONINFRINGEMENT. IN NO EVENT SHALL THE AUTHORS OR COPYRIGHT HOLDERS BE LIABLE FOR ANY CLAIM, DAMAGES OR OTHER LIABILITY, WHETHER IN AN ACTION OF CONTRACT, TORT OR OTHERWISE, ARISING FROM, OUT OF OR IN CONNECTION WITH THE SOFTWARE OR THE USE OR OTHER DEALINGS IN THE SOFTWARE.

上述许可允许任何人无偿使用、复制、修改、合并、发布、分发此源代码。本章展示该 LICENSE 文件,旨在尊重原创者在 LICENSE 文件中的要求——*The above copyright notice and this permission notice shall be included in all copies or substantial portions of the Software.*

感谢原创者 Chelsea Finn 的无私分享,这一学术精神值得敬重,同时也需要延续。笔者团队正在开发新的元学习模型,完成后也将无偿分享给读者。

4.1.3 代码的组成部分

如图 4-2 所示,不难理解元学习的代码组成。主程序 main 中调用了元学习模型输入、输出的关键机制,这些关键机制主要体现在 maml. py、data_generator. py 两个代码文件中。代码文件 data_generator. py 体现了输入和输出过程中的数据生成机制,代码文件 maml. py 则是元学习模型的核心,完整体现了模型中的元优化机制。

从第 3 章开始,已经全面尝试了对 Chelsea Finn 原创代码的注解。除数据集相关的两个代码文件 resize_images. py 和 proc_images. py 外,在 3.4 节和 3.5 节分别对代码文件 utils. py 和 special_grads. py 进行了注解。代码文件 utils. py 主要体现了 MAML 模型的随机抽样方法、样本学习方法及最优化的方法,代码文件 special_grads. py 则体现了元学习过程使用的科学计算包、梯度下降机制和最大池化机制。

从本章开始,将进一步分析模型输入和输出之间的关系。事实上,各代码文件在 main 主程序和 maml. py、data_generator. py 两个关键程序中的调用,已经体现了输入输出关系。

如图 4-3 所示,在主程序 main 中,调用了代码文件 data_generator. py 中的 DataGenerator 模块和代码文件 maml. py 中的 MAML 模块。

图 4-3　元学习主程序 main 的前置代码

如图 4-4 所示,在关键程序 data_generator. py 中,调用了代码文件 utils. py 中的 get_images 模块。

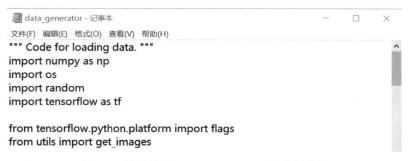

图 4-4　关键程序 data_generator. py 的前置代码

如图 4-5 所示,在关键程序 maml.py 中,调用了代码文件 special_grads.py 以及代码文件 utils.py 中的 4 个模块(mse、xnet、conv_block 和 normalize)。

```
""" Code for the MAML algorithm and network definitions. """
from __future__ import print_function
import numpy as np
import sys
import tensorflow as tf
try:
    import special_grads
except KeyError as e:
    print('WARN: Cannot define MaxPoolGrad, likely already defined for this
version of tensorflow: %s' % e,
        file=sys.stderr)

from tensorflow.python.platform import flags
from utils import mse, xent, conv_block, normalize
```

图 4-5　关键程序 maml.py 的前置代码

有趣的是,在 maml.py 中没有直接调用代码文件 special_grads.py,而是采用如下命令。

```
try:
    import special_grads
# 尝试导入 special_grads
# Python 编程方式很灵活,代码文件及文件中定义的函数均可在其他程序中调用
# 如果当前的 TensorFlow 版本可以解决梯度下降中的二阶求导,则不必导入,并进行错误提示
except KeyError as e:
# e 作为 Python 中灵活的用法,可用于声明对象访问异常及其属性
# e 是 error 的简写,顾名思义,是错误提示
    print ( 'WARN: Cannot define MaxPoolGrad, likely already defined for this version of
tensorflow: % s' % e, file = sys.stderr)
# 输出提示语:无法定义 MaxPoolGrad,当前的 TensorFlow 版本已经有类似定义
# 英文翻译:
# WARN: Cannot define MaxPoolGrad,likely already defined for this version of tensorflow: % s
# 在 print()函数中,% s 用于将一个对象格式化为字符,此处处理的对象为 file = sys.stderr
# sys.stderr 是标准库中的文件对象,用于报告代码运行时发生的错误,或执行其他警告
```

4.2　建模思路

4.2.1　系统架构模型

Chelsea Finn 提供的代码对初学者比较友好,在每个代码文件的开头均有用法解释,即

Usage Instructions。关键程序 maml. py 中的第一个模块主要完成系统架构,该模块的前置代码已经在图 4-5 中进行了必要的展示。在此基础上,可以进一步结合代码注释,理解系统架构模型。首先导入 csv、numpy、pickle、random、tensorflow、DataGenerator、MAML、flags 等模块。其中,pickle 模块的主要功能是实现序列化和反序列化,可以将系统的输入输出对象转换为二进制字节流,并保存到文件,必要时还可以通过网络进行传输;模块 flags 需要从 tensorflow. python. platform 导入;DataGenerator 模块和 MAML 模块不是 Python TensorFlow 自带的,需要从自定义模块(以代码文件形式定义)中导入。DataGenerator 模块需从 data_generator 中导入,而 MAML 则需从 MAML 模块导入。

借助语句 FLAGS = flags. FLAGS,引入全局参数 tensorflow. python. platform. flags. FLAGS,并简写为 FLAGS,在样本训练和测试环节,将使用 FLAGS 解析命令行参数,这些全局参数可以调用 flags 定义,定义格式为 flags. DEFINE_XXX(参数名称,默认值,具体描述)。借助 flags. DEFINE_XXX()函数,全局参数只需要通过外部的命令行传递,不必在算法代码内部修改。常见的 XXX 有 float、integer、string 和 bool 共 4 种形式,分别代表参数为浮点型、整型、字符串型、布尔型。布尔型也称为逻辑型,用于描述某条件是否成立或某状态是否存在。基于上述准备工作,现在可以开始分析系统架构模型的代码了,该模型的建模思路是分为 4 个子模块完成架构的。

第一个子模块用于数据集与方法的选择,涉及整型、字符串型全局参数的定义。因此,这些全局参数的定义中调用了 flags. DEFINE_string()函数和 flags. DEFINE_integer()函数。

```
flags.DEFINE_string('datasource', 'sinusoid', 'sinusoid or omniglot or miniimagenet')
# 参数名称为 datasource,默认值为 sinusoid,也可以取值为 Omniglot 或 Mini_ImageNet
# 换言之,数据集可以是 Omniglot 或 Mini_ImageNet,也可以是正弦曲线离散化得到的数据集
flags.DEFINE_string('baseline', None, 'oracle, or None')
# 参数名称为 baseline,默认值为 None,也可以取值为 oracle
# oracle 适用于正弦曲线数据集 simusoid,此时输入的是任务 id 号
flags.DEFINE_integer('num_classes', 5, 'number of classes used in classification (e.g. 5 - way
classification).')
# 参数名称为 num_classes,默认值为 5,具体取值由分类数决定
```

第二个子模块用于训练策略的选择,涉及整型、浮点型全局参数的定义。因此,这些全局参数的定义中调用了 flags. DEFINE_float()函数和 flags. DEFINE_integer()函数。

```
flags.DEFINE_integer('pretrain_iterations', 0, 'number of pre - training iterations.')
# 参数名称为 pretrain_iterations,默认值为 0,具体取值由预训练迭代次数决定
flags.DEFINE_integer('metatrain_iterations', 15000, 'number of metatraining iterations.')
# 15k for omniglot, 50k for sinusoid
# 参数名称为 metatrain_iterations,默认值为 15000,具体取值由元训练迭代次数决定
flags.DEFINE_integer('meta_batch_size', 25, 'number of tasks sampled per meta - update')
# 参数名称为 meta_batch_size,默认值为 25,具体由每次权值更新抽取的任务样本数决定
```

```
flags.DEFINE_integer('update_batch_size', 5, 'number of examples used for inner gradient
update (K for K-shot learning).')
#参数名称为 update_batch_size,默认值为 5,具体取值由内部梯度更新所用的任务数决定
#将外层循环处理的任务样本解释为 example,以区别于内层循环处理的图像 sample
flags.DEFINE_integer('num_updates', 1, 'number of inner gradient updates during training.')
#参数名称为 num_updates,默认值为 1,具体取值由训练过程中的内层梯度下降次数决定
flags.DEFINE_float('meta_lr', 0.001, 'the base learning rate of the generator')
#参数名称为 meta_lr,默认值为 0.001,具体取值由学习器的基本学习速率决定
#第 1 章结合代码分析了 MAML 模型的核心算法思想,其中涉及内层优化器和外层优化器
#内层优化器 inner_optimizer 本质是基学习器,也称为 basic learner
#外层优化器 outer_optimizer 本质是元学习器的骨架,即 backbone
flags.DEFINE_float('update_lr', 1e-3, 'step size alpha for inner gradient update.') # 0.1
for omniglot
#参数名称为 update_lr,默认值为 1e-3,具体取值由内层梯度下降的步长 alpha 决定
```

第三个子模块用于 backbone 模型的选择,同时涉及字符串型、整型、布尔型全局参数的定义。因此,这些全局参数的定义中调用了 flags.DEFINE_string()、flags.DEFINE_integer()和 flags.DEFINE_bool()函数。

```
flags.DEFINE_string('norm', 'batch_norm', 'batch_norm, layer_norm, or None')
#参数名称为 norm,默认值为 batch_norm,也可以取值 layer_norm 或 None
flags.DEFINE_integer('num_filters', 64, 'number of filters for conv nets -- 32 for
miniimagenet, 64 for omiglot.')
#参数名称为 num_filters,默认值为 64,具体取值由卷积网络的过滤器数量决定
#此代码中,数据集 Mini_ImageNet 用到 32 个过滤器,Omiglot 数据集用到 64 个过滤器
#过滤器是 m 个卷积核的集合,m 为过滤器的深度
#卷积核是二维的,过滤器是三维的
flags.DEFINE_bool('conv', True, 'whether or not to use a convolutional network, only
applicable in some cases')
#参数名称为 conv,默认值为 True,其具体取决于是否使用卷积网络
#一般需要使用卷积网络,一些特例除外
flags.DEFINE_bool('max_pool', False, 'Whether or not to use max pooling rather than strided
convolutions')
#参数名称为 max_pool,默认值为 False,决定最大池化是否优先于有跳跃的卷积
flags.DEFINE_bool('stop_grad', False, 'if True, do not use second derivatives in meta-
optimization (for speed)')
#参数名称为 stop_grad,默认值为 False,取值为 True 时将停止元优化过程中的二次求导
#为加快系统的学习速度,可以设置 stop_grad 为 True,以停止二次求导
```

第四个子模块用于日志、保存以及测试策略的选择,同时涉及字符串型、整型、布尔型、浮点型全局参数的定义。因此,这些全局参数的定义中调用了 flags.DEFINE_string()、flags.DEFINE_integer()、flags.DEFINE_bool()和 flags.DEFINE_float()函数。

```
flags.DEFINE_bool('log', True, 'if false, do not log summaries, for debugging code.')
# 参数名称为 log,默认值为 True,取值为 False 时将停止总结代码调试日志
flags.DEFINE_bool('resume', True, 'resume training if there is a model available')
# 参数名称为 resume,默认值为 True,如果有可用的模型将重新开始训练
flags.DEFINE_bool('train', True, 'True to train, False to test.')
# 参数名称为 train,默认值为 True,取值为 True 时训练,取值为 False 时测试
flags.DEFINE_bool('test_set', False, 'Set to true to test on the the test set, False for the
validation set.')
# 参数名称为 test_set,默认值为 False,取值为 True 时在测试集上测试,否则在验证集上测试
flags.DEFINE_string('logdir', '/tmp/data', 'directory for summaries and checkpoints.')
# 参数名称为 logdir,默认值为/tmp/data,取值为总结和检查站的目录
# logdir = log + directory,顾名思义,是日志目录
flags.DEFINE_integer('test_iter', -1, 'iteration to load model (-1 for latest model)')
# 参数名称为 test_iter,默认值为 -1,通过迭代加载模型
# 迭代 -1 次,就可以找到上次最新使用的模型
flags.DEFINE_integer('train_update_batch_size', -1, 'number of examples used for gradient
update during training (use if you want to test with a different number).')
# 参数名称为 train_update_batch_size,默认值为 -1,取值为训练阶段梯度更新所用的样本数
# 如果希望测试不同图像数量的训练结果差异,则使用该全局参数
.flags.DEFINE_float('train_update_lr', -1, 'value of inner gradient step step during
training. (use if you want to test with a different value)') # 0.1 for omniglot
# 参数名称为 train_update_lr,默认值为 -1,取值为内层训练阶段的梯度下降步长
# 如果希望测试不同梯度下降步长的训练结果差异,可以使用该全局参数
```

4.2.2　输入输出模型

完成元学习系统的架构后,就可以考虑系统的输入和输出内容了。这些内容具体体现为样本训练、测试过程中的输入和输出内容。因此,输入输出模型的本质是样本训练模型和样本测试模型的耦合,样本是以任务为单元的。本节侧重关注样本训练阶段的代码,在此基础上同步阐述输入输出模型的建模思路。这部分代码虽然较长,但基于前 3 章和 4.2.1 节的研究,总体比较简单,不难理解。

样本训练模块代码有 3 个子模块,第一个子模块主要是对输入、输出内容及日志记录周期进行约定,因此也可以理解为输入输出模型的初始化模块。

```
def train(model, saver, sess, exp_string, data_generator, resume_itr = 0):
# 定义样本训练函数
# 该函数有 6 个输入,分别为 model、saver、sess、exp_string、data_generator 和 resume_itr
# resume_itr 默认取值为 0,即不重新训练,而 data_generator 作为一个输入,本质上是要完成样本输入
# 将在 4.4 节和 4.5 节解释如何在代码文件 data_generator.py 中完成任务样本的构建
# model 作为要训练的 self 实例本身,自然被列为第一个输入
# saver 用于保存训练日志,日志内容为数组 sess,保存地址为字符串 exp_string,有助于避免重新训练
    SUMMARY_INTERVAL = 100
# 内层:每训练 100 次,总结一份日志
```

```
        SAVE_INTERVAL = 1000
# 外层:每训练1000次,保存一份日志
# 外层是内层的10倍,因为训练次数将采用同一个统计指标 itr
    if FLAGS.datasource == 'sinusoid':
# 如果为正弦曲线数据集 sinusoid
        PRINT_INTERVAL = 1000
        TEST_PRINT_INTERVAL = PRINT_INTERVAL * 5
# 输出间隔为1000次,测试阶段的输出间隔增加至5000次
    else:
# 如果不是正弦曲线数据集 sinusoid
        PRINT_INTERVAL = 100
        TEST_PRINT_INTERVAL = PRINT_INTERVAL * 5
# 输出间隔为100次,测试阶段输出间隔增加至500次


    if FLAGS.log:
# 如果 FLAGS.log 的默认值为 True
        train_writer = tf.summary.FileWriter(FLAGS.logdir + '/' + exp_string, sess.graph)
# 总结代码调试日志
# 调用 tf.summary.FileWriter()函数,写入总结内容 sess.graph
# 写入地址为 FLAGS.logdir + '/' + exp_string
    print('Done initializing, starting training.')
# 模块的初始化到此结束,要开始训练了
```

样本训练模块代码的第二个子模块主要是对输入内容进行划分,完成基于正弦曲线数据集的任务构建,将样本集合划分为训练集和测试集,并分别填充到空字典 feed_dict 备用。

```
prelosses, postlosses = [], []
# 预训练损失 prelosses 和上一轮训练损失 postlosses 的初始值均为空
    num_classes = data_generator.num_classes
# 分类数为 data_generator.num_classes
    multitask_weights, reg_weights = [], []
# 多任务共享权值 multitask_weights 和注册权值 reg_weights 的初始值均为空
    for itr in range(resume_itr, FLAGS.pretrain_iterations + FLAGS.metatrain_iterations):
# 以迭代次数 itr 作为控制指标,开始循环
# itr 从 resume_itr 开始,到 FLAGS.pretrain_iterations + FLAGS.metatrain_iterations 结束
        feed_dict = {}
# 准备为上述操作中创建的张量赋值,赋值过程就是填充空字典 feed_dict 的过程
# 参数 feed_dict 允许调用者覆盖图中张量的值,并且是在运行时赋值
        if 'generate' in dir(data_generator):
# 如果 data_generator 中包含 generate
# dir()函数是 Python 的创新,dir 是 directory 的简写
# 顾名思义,dir()函数可用于查看对象内的所有属性和方法
            batch_x, batch_y, amp, phase = data_generator.generate()
# 调用 data_generator.generate()函数,生成小样本单元 batch_x、batch_y、amp 和 phase
```

```
# 小样本单元的输入 batch_x、输出 batch_y、振幅 amp、相位 phase 的初始值均为空
# 正弦曲线有振幅 amp 和相位 phase,amp 是振幅 amplitude 的简写
# 一个小样本单元可以构建一个任务,此处的任务分布模型是正弦曲线
                if FLAGS.baseline == 'oracle':
# 参数 FLAGS.baseline 已在系统架构模型的第一个子模块进行定义,其默认值为 None,如果取值为
# oracle,仅适用于正弦曲线数据集,此时输入的是任务号(id)
                    batch_x = np.concatenate([batch_x, np.zeros([batch_x.shape[0], batch_x.
shape[1], 2])], 2)
# 调用 NumPy 库中的数组拼接函数,将[batch_x, np.zeros([batch_x.shape[0],batch_x.shape[1],
2])], 2 等 3 个数组拼接,得到当前的 batch_x。单词 concatenate 有连接的含义
                    for i in range(FLAGS.meta_batch_size):
# 逐个构建任务样本,共有 FLAGS.meta_batch_size 个任务样本
# 名称为 meta_batch_size 的参数已在系统架构模型的第二个子模块中进行定义
# 默认值为 25,具体由每次权值更新抽取的任务样本数决定
                        batch_x[i, :, 1] = amp[i]
# 将第 i 个样本的 batch_x[i, :, 1]赋值为 amp[i],batch_x 是 3 个数组拼接的结果
                        batch_x[i, :, 2] = phase[i]
# 将第 i 个样本的 batch_x[i, :, 2]赋值为 phase[i],batch_x 是 3 个数组拼接的结果
                inputa =    \
batch_x[:, :num_classes * FLAGS.update_batch_size, :]
# 将 batch_x 的第二个分量:num_classes * FLAGS.update_batch_size 赋值给 inputa
# 循环结束后,即可完成训练集的任务构建
# 参数 update_batch_size 已在系统架构模型的第二个子模块中定义,默认值为 5,具体取值由内部
# 梯度更新所用的任务数决定
                labela =    \
batch_y[:, :num_classes * FLAGS.update_batch_size, :]
# 训练集的标签分配
                inputb = batch_x[:, num_classes * FLAGS.update_batch_size:, :]
# 将 batch_x 的第二个分量:num_classes * FLAGS.update_batch_size 赋值给 inputb
# 循环结束后,即可完成测试集的任务构建
                labelb = batch_y[:, num_classes * FLAGS.update_batch_size:, :]
# 测试集的标签分配
                feed_dict = {model.inputa: inputa, model.inputb: inputb, model.labela: labela,
model.labelb: labelb}
# 完成对空字典 feed_dict 的填充
```

样本训练模块代码的第三个子模块主要是执行训练过程,获取输出内容。注意,第二个子模块中的 for 循环并未结束,下述条件语句仍然是 for 循环代码的延续。任务样本的联合训练称为外层循环中的元训练,而每一个任务样本自身也是一个小样本学习单元,包含内置训练和测试。与联合训练不同的是,内置训练和测试属于内层循环。

```
# 训练过程中的第一个条件语句: 定义预训练/元训练的执行规则
if itr < FLAGS.pretrain_iterations:
# 如果当前迭代次数少于设定的预训练次数
```

```
                input_tensors = [model.pretrain_op]
# 执行预训练,预训练结果将作为反向传播的输入
        else:            \
                input_tensors = [model.metatrain_op]
# 否则就执行元训练,元训练结果将作为反向传播的输入

# 训练过程中的第二个条件语句:定义元训练的输入输出
    if (itr % SUMMARY_INTERVAL == 0 or itr % PRINT_INTERVAL == 0):
# 如果当前迭代次数能被 SUMMARY_INTERVAL 或 PRINT_INTERVAL 整除
                input_tensors.extend([model.summ_op, model.total_loss1, model.total_losses2
[FLAGS.num_updates − 1]])
# 调用 input_tensors.extend()函数,扩展元损失张量 model.summ_op,新增内容为 model.total_
loss1 和 model.total_losses2[FLAGS.num_updates − 1]
                if model.classification:
# 当任务样本分类完成时
                        input_tensors.extend([model.total_accuracy1, model.total_accuracies2
[FLAGS.num_updates − 1]])
# 调用 input_tensors.extend()函数,扩展元精度张量 model.total_accuracy1,新增内容为
# model.total_accuracies2[FLAGS.num_updates − 1]
        result = sess.run(input_tensors, feed_dict)
# 取回输入张量 input_tensors 和 feed_dict 的结果
# sess.run()函数用于在同一步中获取多个张量的值
# 外层循环中的元训练规则定义到此结束,接着定义内层循环中的内置训练和测试规则

# 训练过程中的第三个条件语句:定义内置训练日志 result 的扩展规则和内容
if itr % SUMMARY_INTERVAL == 0:
# 如果当前迭代次数能被 SUMMARY_INTERVAL 整除
# 注意,此时需要形成一份内置训练日志 result,只需要扩展历史日志即可
                prelosses.append(result[ − 2])
# 将预训练损失 prelosses 追加到历史日志 result 的 − 2 位
# 使用 append()函数可以为列表追加要素
                if FLAGS.log:
# 如果 FLAGS.log == True
# 参数 FLAGS.log 已在系统架构模型的第四个子模块中定义,默认值为 True
# 取值为 False 时将停止总结代码调试日志
                train_writer.add_summary(result[1], itr)
# 调用 train_writer.add_summary()函数,将记录在 itr 中的数据输出到文件 result[1]中
                postlosses.append(result[ − 1])
# 同时,将上一轮训练损失 postlosses 追加到历史日志 result 的 − 1 位
# 历史日志 result 扩展后,最新的预训练损失 prelosses、上一轮训练损失 postlosses 处于历史日
# 志 result 的前两位

# 训练过程中的第四个条件语句:定义训练轮次及训练结果的输出规则
# 因为 PRINT_INTERVAL == SAVE_INTERVAL,因此只显示外层训练轮次及结果
        if (itr!= 0) and itr % PRINT_INTERVAL == 0:
```

```
# 如果 itr 不为 0,且能被 PRINT_INTERVAL 整除
                if itr < FLAGS.pretrain_iterations:
# 那么,当 itr < FLAGS.pretrain_iterations 时,
                    print_str = 'Pretrain Iteration ' + str(itr)
# 此时,可以直接记录预训练次数 print_str
                else: \
                    print_str = 'Iteration ' + str(itr - FLAGS.pretrain_iterations)
# 此时已进入元训练,可以直接记录元训练次数 print_str
                print_str += ': ' + str(np.mean(prelosses)) + ', ' + str(np.mean(postlosses))
# 调用 np.mean()函数,计算预训练和上一轮训练的平均损失
                print(print_str)
# 输出训练结果
                prelosses, postlosses = [], []
# 清空参数 prelosses 和 postlosses 的值,准备进入下一轮次的训练


# 训练过程中的第五个条件语句:定义完整训练日志 sess
if (itr!= 0) and itr % SAVE_INTERVAL == 0:
# 如果 itr 不为 0,且能被 SAVE_INTERVAL 整除
% 此时需要保存一份完整的训练日志
saver.save(sess, FLAGS.logdir + '/' + exp_string + '/model' + str(itr))
# 将 FLAGS.logdir + '/' + exp_string + '/model' + str(itr)保存到日志 sess 中
# 正弦曲线数据集是无限集,因此元训练结果无须验证
# 训练阶段的输出定义到此结束


# 训练过程中的第六个条件语句:对其他有限数据集定义训练阶段的内置测试
        if (itr!= 0) and itr % TEST_PRINT_INTERVAL == 0 and  FLAGS.datasource != 'sinusoid':
# 如果 itr 不为 0,而且可被 TEST_PRINT_INTERVAL 整除,同时所用的也不是正弦曲线数据集
# 此时就需要执行内置测试,并将结果保存到日志 sess 中
# 注意,此时直接调用已训练好的模型参数,即可完成测试并输出结果
# 分为两种情形:

                if 'generate' not in dir(data_generator):
# 情形 1. 如果 dir(data_generator)没有包含'generate'
                    feed_dict = {}
# 那么就创建空字典 feed_dict,以便填充测试结果


if model.classification:
# 如果 model.classification = True
                        input_tensors = [model.metaval_total_accuracy1, model.metaval_total
_accuracies2[FLAGS.num_updates - 1], model.summ_op]
# 将验证阶段的精度记录到输入张量 input_tensors 中
                    else:
# 否则
                        input_tensors = [model.metaval_total_loss1, model.metaval_total_
losses2[FLAGS.num_updates - 1], model.summ_op]
```

```
＃将本轮测试的损失记录到输入张量 input_tensors 中

            else:
＃情形 2. 如果 dir(data_generator)包含了'generate',
＃此时可以参考输入输出模型的第一个子模块,直接填充 feed_dict
            batch_x, batch_y, amp, phase =       \
data_generator.generate(train = False)
            inputa =       \
batch_x[:, :num_classes * FLAGS.update_batch_size, :]
            inputb = batch_x[:, num_classes * FLAGS.update_batch_size:, :]
            labela =       \
batch_y[:, :num_classes * FLAGS.update_batch_size, :]
            labelb = batch_y[:, num_classes * FLAGS.update_batch_size:, :]
            feed_dict = {model.inputa: inputa, model.inputb: inputb, model.labela:
labela, model.labelb: labelb, model.meta_lr: 0.0}
＃已经参考输入输出模型的第一个子模块,完成对空字典 feed_dict 的填充
            if model.classification:
＃如果 model.classification = True
                input_tensors = [model.total_accuracy1, model.total_accuracies2
[FLAGS.num_updates - 1]]
            else:
                input_tensors = [model.total_loss1, model.total_losses2[FLAGS.num_
updates - 1]]
＃输入张量 input_tensors 的记录类似于情形 1

            result = sess.run(input_tensors, feed_dict)
＃调用 sess.run()函数,生成训练阶段的内置测试结果 result
            print('Validation results: ' + str(result[0]) + ', ' + str(result[1]))
＃输出内置测试结果 result,显示内容为测试精度与损失
        saver.save(sess, FLAGS.logdir + '/' + exp_string + '/model' + str(itr))
＃将内置测试结果也保存到日志 sess 中
```

4.2.3　输出评价模型

评价元学习系统的输出,主要还是评价其测试精度。本小节的重点是输出评价模型,样本测试阶段的代码是以模型的输出精度评价为主线,因此,其本质是输出评价模块。接下来,将结合样本测试代码模块,进一步讲解输出评价模型的建模思路。

输出评价模块代码有 3 个子模块。第一个子模块主要是对输入、输出内容及日志记录周期进行约定,也可以将其理解为输出评价模型的初始化模块。

```
NUM_TEST_POINTS = 600
＃以 Omniglot 数据集为例,设置 600 个测试点
```

```
def test(model, saver, sess, exp_string, data_generator, test_num_updates = None):
# 定义 test()函数,该函数的输入与 train()函数类似。测试阶段无须再训练,因此,将 resume_itr = 0 替
# 换为 test_num_updates = None。在 test()函数对应的测试过程中,不进行权重更新
    num_classes = data_generator.num_classes
# 调取分类数 num_classes;如无分类,则设 num_classes 为 1
    np.random.seed(1)
# 调用 np.random.seed()函数,定义生成随机数的第 1 堆种子
    random.seed(1)
# 设置随机数种子为 1
    metaval_accuracies = []
# 设置测试精度 metaval_accuracies 的初始值为空
```

输出评价模块代码的第二个子模块主要是定义测试阶段保存的 result 内容训练日志。每次循环的操作类似于样本训练模块的代码,主要参考其内置测试环节完成对空字典 feed_dict 的填充,并记录到训练日志 result 内。在处理无限的正弦曲线数据集时,该子模块几乎可以略去。因为无穷任务样本的训练结果不需要验证,只需要将每次测试的损失和验证精度都记录到测试结果 result 内。

```
for _ in range(NUM_TEST_POINTS):
# 计划循环 600 次
# 每次循环的操作类似于样本训练模块的代码,主要参考其内置测试环节
        if 'generate' not in dir(data_generator):
# 情形 1. 如果 dir(data_generator)没有包含 generate
            feed_dict = {}
            feed_dict = {model.meta_lr : 0.0}
# 只需将 model.meta_lr : 0.0 填充到空字典 feed_dict 中


    else:
# 情形 2. 如果 dir(data_generator)包含了 generate
# 需要调用 data_generator.generate()函数,将计算结果填充到空字典 feed_dict 中
      batch_x, batch_y, amp, phase =      \
data_generator.generate(train = False)
# 做好填充前的准备
            if FLAGS.baseline == 'sinusoid':
# 如果 FLAGS.baseline 对应的是 sinusoid
# 填充方式与输入输出模型中的对应代码相同
                batch_x = np.concatenate([batch_x, np.zeros([batch_x.shape[0], batch_x.
shape[1], 2])], 2)
                batch_x[0, :, 1] = amp[0]
                batch_x[0, :, 2] = phase[0]

            inputa = \
batch_x[:, :num_classes * FLAGS.update_batch_size, :]
```

```
                inputb = \
batch_x[:,num_classes * FLAGS.update_batch_size:, :]
                labela = \
batch_y[:, :num_classes * FLAGS.update_batch_size, :]
                labelb = \
batch_y[:,num_classes * FLAGS.update_batch_size:, :]

            feed_dict = {model.inputa: inputa, model.inputb: inputb, model.labela: labela,
model.labelb: labelb, model.meta_lr: 0.0}
# 参考输入输出模型中的对应代码,完成对空字典 feed_dict 的填充

        if model.classification:
# 如果 model.classification = True
            result = sess.run([model.metaval_total_accuracy1] + model.metaval_total_
accuracies2, feed_dict)
# ([model.metaval_total_accuracy1] + model.metaval_total_accuracies2, feed_dict)已保存到
# 训练日志 result
        else:
# 否则
# 只需要将每次测试的损失和验证精度都记录到测试结果 result 内
            result = sess.run([model.total_loss1] + \
model.total_losses2, feed_dict)
        metaval_accuracies.append(result)
```

输出评价模块代码的第三个子模块主要是定义元测试阶段的输出内容,以计算 95％的置信区间为编程主线。首先,调用 np.array()函数创建 metaval_accuracies 数组。然后,分别调用 np.mean()、np.std()函数计算平均精度和标准差。最后,调用 np.sqrt()函数计算 95％的置信区间 ci95。

```
  metaval_accuracies = np.array(metaval_accuracies)
    means = np.mean(metaval_accuracies, 0)
    stds = np.std(metaval_accuracies, 0)
    ci95 = 1.96 * stds/np.sqrt(NUM_TEST_POINTS)
# 置信区间 ci95 的完整计算过程如上
# 接下来要开始输出了

    print('Mean validation accuracy/loss, stddev, and confidence intervals')
    print((means, stds, ci95))
# 输出平均精度/损失、标准差和 95 % 置信区间
# 完成输出,现在可以将输出结果保存为 CSV 文件和 PKL 文件了
# PKL 文件用于保存训练好的模型,以便在需要时加载和使用,pkl 是 pickle 的简写,意为腌制、封存

    out_filename = FLAGS.logdir + '/' + exp_string + '/' + 'test_ubs' + \
str(FLAGS.update_batch_size) + '_stepsize' + str(FLAGS.update_lr) + \
```

```
'.csv'
    out_pkl = FLAGS.logdir + '/'+ exp_string + '/' + 'test_ubs' + \
str(FLAGS.update_batch_size) + '_stepsize' + str(FLAGS.update_lr) + \
'.pkl'
#文件保存第一步:路径名称的连接,即打开文件并序列化对象

    with open(out_pkl, 'wb') as f:
        pickle.dump({'mses': metaval_accuracies}, f)
#文件保存第二步:打开 PKL 文件并写入训练好的模型
    with open(out_filename, 'w') as f:
        writer = csv.writer(f, delimiter = ',')
        writer.writerow(['update' + str(i) for i in range(len(means))])
        writer.writerow(means)
        writer.writerow(stds)
        writer.writerow(ci95)
#文件保存第三步:打开 CSV 文件并写入相关精度指标
```

4.3 算法思想

4.3.1 输入生成算法

已经完成了元学习系统的架构,对系统的输入与输出进行了必要的定义,同时对输出结果的评价机制也做出了进一步的约定。现在可以开始定义主体函数 main 了。主体函数 main 用于生成输入和输出的张量集,该函数的前半部分是输入生成算法。

输入生成模块代码有两个子模块,第一个子模块主要是针对不同的数据集,对训练阶段和测试阶段的样本输入方法、权值更新次数进行必要的约定,尚未涉及输入生成算法的细节。

```
def main():
#终于要定义 main 主体函数了
    if FLAGS.datasource == 'sinusoid':
#情形 1. 如果数据集为 sinusoid
        if FLAGS.train:
#参数 train 在系统架构模块已经定义,取默认值 True 时训练,取值为 False 时测试
            test_num_updates = 5
#那么测试阶段更新 5 次,即梯度下降 5 次
        else:
#否则
            test_num_updates = 10
#测试阶段更新 10 次,即梯度下降 10 次
#数据集 sinusoid 对应的输出决策到此结束
```

```
            else:
# 情形 2. 如果数据集不是 sinusoid
if FLAGS.datasource == 'miniimagenet':
# 如果数据集为 Mini-ImageNet
# 对训练阶段和测试阶段分别决策:
                if FLAGS.train == True:
# 如果当前为训练阶段
                    test_num_updates = 1
# 那么在测试阶段只需要进行 1 次更新
            else:
# 否则
                    test_num_updates = 10
# 未经训练的模型,在测试阶段需要进行 10 次更新
        else:
# 如果是其他数据集
            test_num_updates = 10
# 在测试阶段需要进行 10 次更新


    if FLAGS.train == False:
# 如果当前为测试阶段
        orig_meta_batch_size = FLAGS.meta_batch_size
# 调用全局参数,定义 orig_meta_batch_size。参数 meta_batch_size 在系统架构模块已经定义,默
# 认值为 25,具体由每次权值更新抽取的任务样本数决定
        FLAGS.meta_batch_size = 1
# 测试阶段每次权值更新,只抽取 1 个任务样本
if FLAGS.datasource == 'sinusoid':
# 如果数据集为 sinusoid
        data_generator = DataGenerator(FLAGS.update_batch_size * 2, FLAGS.meta_batch_size)
# 那么调用 DataGenerator()函数,即可完成样本输入
    else:
# 否则
# 也分为两种情形
        if FLAGS.metatrain_iterations == 0 and FLAGS.datasource == \
'miniimagenet':
# 情形 1. 如果元训练次数为 0,而且数据集为 Mini-ImageNet
            assert FLAGS.meta_batch_size == 1
            assert FLAGS.update_batch_size == 1
# 那么,内层和外层梯度更新所用的样本数都设置为 1
# 参数 update_batch_size 在系统架构模块已经定义,默认值为 5,具体取值由内部梯度更新所用的
# 任务数决定
            data_generator = DataGenerator(1, FLAGS.meta_batch_size)
# 此时,DataGenerator()函数只使用 1 个数据点
        else:
# 情形 2. 如果元训练次数不为 0,或者数据集不是 Mini-ImageNet
            if FLAGS.datasource == 'miniimagenet':
```

```
# 如果数据集是 Mini - ImageNet
            if FLAGS.train:
# 此时如在训练阶段则执行
                data_generator = \
DataGenerator(FLAGS.update_batch_size + 15, FLAGS.meta_batch_size)
            else:
# 此时如在测试阶段,则执行
                data_generator = \
DataGenerator(FLAGS.update_batch_size * 2, FLAGS.meta_batch_size)
# 为节省内存,仅用一个数据点进行测试
        else:
# 如果数据集不是 Mini-ImageNet,则执行
            data_generator = \
DataGenerator(FLAGS.update_batch_size * 2, FLAGS.meta_batch_size)
```

输入生成模块代码的第二个子模块主要是在输出维度决策的基础上,制作了输入数据张量,以便在输出过程中调用。输入张量包括图像张量和标签张量。针对不同的数据集,做了不同的约定。在此子模块中,已经涉及输入生成算法的细节。

```
    dim_output = data_generator.dim_output
# 准备对输出维度进行决策
    if FLAGS.baseline == 'oracle':
# 如果 FLAGS.baseline 的取值是 sinusoid 对应的 oracle
        assert FLAGS.datasource == 'sinusoid'
# 设置数据集为 sinusoid
        dim_input = 3
# 此时输出维度为 3
        FLAGS.pretrain_iterations += FLAGS.metatrain_iterations
# 意思是 pretrain_iterations = pretrain_iterations + metatrain_iterations
        FLAGS.metatrain_iterations = 0
# 元训练迭代次数的初始值为 0
    else:
# 如果 FLAGS.baseline 的取值不是 sinusoid 对应的 oracle
        dim_input = data_generator.dim_input
# 准备对输出维度进行决策
# 分两种情况:
    if FLAGS.datasource == 'miniimagenet' or FLAGS.datasource == \
'omniglot':
# 情形 1. 如果数据集是 Mini - ImageNet 或 Omniglot
        tf_data_load = True
# 那么直接加载数据集
        num_classes = data_generator.num_classes
# 调取分类数
        if FLAGS.train:
```

```
# 此时,进入训练阶段
# 可采取两个策略调用输入模块
            random.seed(5)
# 策略 1. 设置随机数种子为 5
            image_tensor, label_tensor = \
data_generator.make_data_tensor()
# 制作数据张量,包括图像张量和标签张量
            inputa = tf.slice(image_tensor, [0, 0, 0], [-1, num_classes * FLAGS.update_
batch_size, -1])
# 按照分类数,调用 tf.slice()函数,切割训练集
            inputb = tf.slice(image_tensor, [0, num_classes * FLAGS.update_batch_size, 0],
[-1, -1, -1])
# 按照分类数,调用 tf.slice()函数,切割测试集
            labela = tf.slice(label_tensor, [0, 0, 0], [-1, num_classes * FLAGS.update_
batch_size, -1])
# 训练集标签的对应切割
            labelb = tf.slice(label_tensor, [0, num_classes * FLAGS.update_batch_size, 0],
[-1, -1, -1])
# 测试集标签的对应切割
input_tensors = {'inputa': inputa, 'inputb': inputb, 'labela': labela, 'labelb': labelb}
        # 得到输入张量集 input_tensors


            random.seed(6)
# 策略 2. 设置随机数种子为 6
        image_tensor, label_tensor = \
data_generator.make_data_tensor(train = False)
        inputa = tf.slice(image_tensor, [0, 0, 0], [-1, num_classes * FLAGS.update_batch_
size, -1])
        inputb = tf.slice(image_tensor, [0, num_classes * FLAGS.update_batch_size, 0], [-1,
-1, -1])
        labela = tf.slice(label_tensor, [0, 0, 0], [-1, num_classes * FLAGS.update_batch_
size, -1])
        labelb = tf.slice(label_tensor, [0, num_classes * FLAGS.update_batch_size, 0], [-1,
-1, -1])
        metaval_input_tensors = {'inputa': inputa, 'inputb': inputb, 'labela': labela,
'labelb': labelb}
# 执行类似的切割操作后,得到用于元测试的输入张量集 metaval_input_tensors


    else:
# 情形 2. 如果数据集不是 Mini-ImageNet 或 Omniglot
        tf_data_load = False
# 无法加载数据
        input_tensors = None
# 输入张量集为空集
```

4.3.2 输出生成算法

主体函数 main 的后半部分是输出生成算法。现在开始分析输出生成模块代码,它共有 3 个子模块。

输出生成模块代码的第一个子模块主要是对训练阶段和测试阶段的学习速率、模型输出、权值更新所用的样本数进行必要的约定,尚未涉及输出生成算法的细节。

```
model = MAML(dim_input, dim_output, test_num_updates = test_num_updates)
# 调用 MAML()函数,初始化模型 model
# MAML()函数将在第 5 章详细讲解,它共有 3 个输入,分别为 dim_input、dim_output 和 test_num
_updates
    if FLAGS.train or not tf_data_load:
# 此条件相当于"如果 FLAGS.train 的默认值为 True",而 tf_data_load 的默认值为 False
        model.construct_model(input_tensors = input_tensors, prefix = 'metatrain_')
# 调用 model 中的 construct_model()函数和输入张量集,完成元训练建模
    if tf_data_load:
# 此条件相当于"如果为 False"
        model.construct_model(input_tensors = metaval_input_tensors, prefix = 'metaval_')
# 调用 model 中的 construct_model()函数和输入张量集,完成元测试建模
    model.summ_op = tf.summary.merge_all()
# 调用 tf.summary.merge_all()函数,准备执行 model.summ_op 的归并
    saver = loader = \
tf.train.Saver(tf.get_collection(tf.GraphKeys.TRAINABLE_VARIABLES), max_to_keep = 10)
# 调用 tf.train.Saver()函数,保存训练结果 saver,在下一轮训练中 saver 可作为 loader 加载
    sess = tf.InteractiveSession()
# 调用 tf.InteractiveSession()函数,创建数组 sess,准备接收输出
```

输出生成模块代码的第二个子模块主要是对训练阶段和测试阶段权值更新中所用的样本数进行必要的约定,并在此基础上对卷积和最大池化等过程进行定义,已经涉及输出生成算法的细节。

```
    if FLAGS.train == False:
# 如果是测试阶段
        FLAGS.meta_batch_size = orig_meta_batch_size
# 那么,每次权值更新抽取的任务样本数 meta_batch_size 不变
    if FLAGS.train_update_batch_size == -1:
# 如果 FLAGS.train_update_batch_size 的值为 -1
# 参数 train_update_batch_size 在系统架构模块中已经定义,默认值为 -1,取值为训练阶段梯度
# 更新所用的图像数
        FLAGS.train_update_batch_size = FLAGS.update_batch_size
# 那么,将 FLAGS.train_update_batch_size 的值修正为 FLAGS.update_batch_size
# 参数 update_batch_size 在系统架构模块中已经定义,默认值为 5,具体取值由内部梯度更新所用
# 的任务数决定
```

```
       if FLAGS.train_update_lr ==  -1:
# 如果 FLAGS.train_update_lr 的值为 - 1
# 参数 train_update_lr 在系统架构模块已经定义,默认值为 - 1,取值为内层训练阶段的梯度下降步长
           FLAGS.train_update_lr = FLAGS.update_lr
# 将 FLAGS.train_update_lr 的值修正为 FLAGS.update_lr
# 参数 update_lr 在系统架构模块中已经定义,默认值是 1e - 3
# 具体取值由内层梯度下降的步长 alpha 决定
```

输出生成模块代码的第二个子模块主要是生成日志保存地址 exp_string 的算法,并提供一系列的归并条件,此时已经涉及输出生成算法的细节。

```
exp_string = \
'cls_' + str(FLAGS.num_classes) + '.mbs_' + str(FLAGS.meta_batch_size) + \
'.ubs_' + str(FLAGS.train_update_batch_size) + '.numstep' + \
str(FLAGS.num_updates) + '.updatelr' + str(FLAGS.train_update_lr)
# 生成日志保存地址 exp_string,exp 是 expiration date 的简写,顾名思义,是包含有效期的日志

# 归并条件 1:
    if FLAGS.num_filters != 64:
# 如果过滤器数量不等于 64
        exp_string += 'hidden' + str(FLAGS.num_filters)
# 将 hidden 和 str(FLAGS.num_filters)归并到 exp_string

# 归并条件 2:
    if FLAGS.max_pool:
# 如果最大池化并不优先于有跳跃的卷积
# 参数 max_pool 在系统架构模块中已经定义,默认值为 False,用于决定最大池化操作是否优先于
# 有跳跃的卷积操作
        exp_string += 'maxpool'
# 将 maxpool 归并到 exp_string

# 归并条件 3:
    if FLAGS.stop_grad:
# 如果元优化过程中的二次求导未停止
# 参数 stop_grad 在系统架构模块已经定义,默认值为 False。取值为 True 时,表示将停止元优化
# 过程中的二次求导
        exp_string += 'stopgrad'
# 将值 stopgrad 归并到 exp_string

# 归并条件 4:
  if FLAGS.baseline:
    # 如果 FLAGS.baseline == None
# 参数 baseline 在系统架构模块中已经定义,默认值为 None,也可以取值为 oracle
    exp_string += FLAGS.baseline
```

```
            #将 FLAGS.baseline 归并到 exp_string

#归并条件 5:
#分 4 种情形处理

  if FLAGS.norm == 'batch_norm':
#情形 1. 如果 FLAGS.norm == 'batch_norm'
#参数 norm 在系统架构模块中已经定义,默认值为 batch_norm,也可以取值为 layer_norm 或 None
      exp_string += 'batchnorm'
    #将值 batchnorm 归并到 exp_string

elif FLAGS.norm == 'layer_norm':
#情形 2. 如果 FLAGS.norm == 'layer_norm'
exp_string += 'layernorm'
    #将值 layernorm 归并到 exp_string

  elif FLAGS.norm == 'None':
#情形 3. 如果 FLAGS.norm == 'None'
      exp_string += 'nonorm'
#将值 nonorm 归并到 exp_string

else:
#情形 4. 如果没有 FLAGS.norm
        print('Norm setting not recognized.')
#输出错误提示 Norm setting not recognized.
    resume_itr = 0
#重新训练次数为 0
    model_file = None
#此时模型文件为空
```

输出生成模块代码的第三个子模块主要是初始化模型的参数,执行模型输出的生成过程。具体分两步完成:第一步,在不同情形下生成 model_file;第二步,生成训练阶段和测试阶段的输出。

```
    tf.global_variables_initializer().run()
    #初始化模型的参数
    #有时候也写为 sess.run(tf.global_variables_initializer())
        tf.train.start_queue_runners()
    #启动 tensor 的入队线程,以便生成输出文件

    #第一步,生成 model_file
    #分 3 种情形:
        if FLAGS.resume or not FLAGS.train:
    #情形 1. 如果 FLAGS.resume == True 或 FLAGS.train == False
```

```
# 参数 resume 在系统架构模块中已经定义,默认值为 True,表示如果有可用的模型将重新开始训练
# 参数 train 在系统架构模块中已经定义,取默认值为 True 时为训练阶段,取值为 False 时为测试阶段
        model_file = tf.train.latest_checkpoint(FLAGS.logdir + '/' + exp_string)
# 调用 tf.train.latest_checkpoint()函数,以查找最新保存的 checkpoint 文件 FLAGS.logdir +
'/' + exp_string 的文件名,并赋值给 model_file


        if FLAGS.test_iter > 0:
# 情形 2. 如果 FLAGS.test_iter 大于 0
# 参数 test_iter 在系统架构模块已经定义,默认值为 -1,通过迭代加载模型
            model_file = model_file[:model_file.index('model')] + \
'model' + str(FLAGS.test_iter)
# 将 model_file[:model_file.index('model')] + 'model' + str(FLAGS.test_iter)赋值给 model_file


        if model_file:
# 情形 3. 如果模型文件 model_file 已经存在
            ind1 = model_file.index('model')
# 调用 model_file.index()函数,生成 model 的指标 ind1
            resume_itr = int(model_file[ind1 + 5:])
# 将 resume_itr 设定为 int(model_file[ind1 + 5:])类型
            print("Restoring model weights from " + model_file)
# 输出"Restoring model weights from" + model_file 的提示
            saver.restore(sess, model_file)
# 调用 saver.restore()函数,将 model_file 保存到日志 sess 内


# 第二步,生成模型的输出
    if FLAGS.train:
# 如果是训练阶段
train(model, saver, sess, exp_string, data_generator, resume_itr)
# 生成的输出为 train(model, saver, sess, exp_string, data_generator, resume_itr)
    else:
# 如果是测试阶段
        test(model, saver, sess, exp_string, data_generator, test_num_updates)
# 生成的输出为 test(model, saver, sess, exp_string, data_generator, test_num_updates)
```

4.3.3 运行控制算法

元学习是面向过程的模型,已经在第 3 章对过程建模问题进行深入分析,至此已经完整分析了关于元学习系统输入与输出的 3 个问题,后续将重点分析第四个问题,主要包括以下内容。

(1) 如何定义元学习模型的输入与输出。

(2) 如何建立输入与输出的关系。

(3) 如何由输入得到输出。

(4) 如何控制元学习系统的输入与输出。

如果希望控制元学习系统的输入与输出,可以通过对主程序 main 的运行控制实现。事实上,在代码文件 main.py 的结尾,限定了主程序 main 的执行条件,从而实现对元学习系统输入与输出的总体控制。

```
if __name__ == "__main__":
# 如果代码文件名为__main__
# 作为主程序,main 不可被调用到其他文件中
# 在其他脚本中调用,将不会被执行
main()
# 执行主程序 main
```

因此,要运行元学习系统,只能通过运行代码文件 main.py 完成。

4.4 最优化方法

4.4.1 优化库包的导入

在运行之前,需要先在 PyCharm 中集成基础模块。在前 3 章配置的 Anaconda＋PyCharm＋Python 开发环境将有助于模块集成算法的实现。拥有了上述研究基础,再加上本章的系统化分析内容,您将不再是一个初学者了。模块集成的本质是通过对 PyCharm 环境的配置,集成元学习过程中所需的模块,其简化流程如下。

（1）在 MAML 模型代码调试之前,可以先将元学习代码调试过程中所需要的科学计算包汇总到一个文件,例如可命名为 requirement.txt,并将该文件放到 code 目录下。

（2）参考 2.4.1 节的方法,创建虚拟的优化环境 example。

（3）参考 3.3.1 节的方法,在命令行窗口下进入环境 example 的目录。

（4）执行命令 conda activate example,以激活虚拟环境。

（5）执行 pip install -r requirement.txt 命令,在虚拟环境中完成科学计算包的安装,实现代码调试前的模块集成。

从现在开始,后续章节涉及的代码调试与环境配置,将不再需要提供步进的详细流程。完整的代码调试过程将在第 5 章展示。

在本章的结尾,将重点结合代码文件 data_generator.py,分析关于输入输出的第五个问题,即如何生成输入、输出所需的目录。要解决这一问题,首先,需要导入 NumPy 库和 os 模块,以便完成对文件和目录的必要操作。其次,需要导入 random 模块和 TensorFlow 框架,因为数据是以张量形式输入输出的,这两个工具在元学习过程中会经常用到,在目录生成环节也不例外。通过对代码文件 main.py 的全面分析,可以看到系统架构模型中的全局参数 flags 贯穿始终。更准确地说,全局参数 flags 具体执行了对输入与输出结果的控制。

类似于代码文件 main.py,代码文件 data_generator.py 也需要从 tensorflow.python. platform 导入 flags,借助语句 FLAGS = flags.FLAGS 简化代码。作为原始图像数据获取

的工具 get_images,仍然从 utils 模块导入。从现在开始,将尝试改进分析代码的方式,以便快速分析更复杂的代码。部分原始代码将不做展示,而是以文字描述代替,以便帮助读者初步形成编程思维。

4.4.2　生成器的初始化

为了生成输入与输出目录,需要定义一个生成器。只要输入实例对象 object,该生成器就可以自动完成目录的生成。就代码设计而言,生成器的代码需包含 3 个模式,即初始化模块、目录定义模块、输入输出生成模块。如果将初始化模块定义为一个函数,那么该函数至少需要 3 个输入。

(1)第一个输入是实例对象 object 本身(记为 self)。

(2)第二个输入是每一类包含的样本数 num_samples_per_class。

(3)第三个输入是目录的大小 batch_size。

```
class DataGenerator(object):
# 定义一个 class,命名为 DataGenerator,用于生成目录 batch
# class 本质是生成器,用于将输入的 object 分类封装到不同的 batch
    def __init__(self, num_samples_per_class, batch_size, config = {}):
# 定义初始化函数 __init__(),该函数共有 4 个输入,分别为 self、num_samples_per_class、batch_size、config
# 单词 config 有配置的含义,顾名思义,config = {}表示配置命令集合的初始值为空集
        self.batch_size = batch_size
# 将 batch_size 赋值到 self.batch_size
        self.num_samples_per_class = num_samples_per_class
# 将 num_samples_per_class 赋值到 self.num_samples_per_class
        self.num_classes = 1
# self.num_classes 的初始值设为 1
```

4.4.3　目录的生成

目录的生成需要基于对 self 属性的一系列操作,并以定义的形式实现。其生成模块的代码包含两个子模块。

第一个子模块用于完成对 self 属性的一系列操作,具体分两种情况。

(1)如果数据集为 sinusoid,只需对 self 属性执行以下操作,第二个子模块将不再执行。

```
    self.generate = self.generate_sinusoid_batch
# 将 self.generate_sinusoid_batch 简写为 self.generate
        self.amp_range = config.get('amp_range', [0.1, 5.0])
# 用 config.get()函数执行配置命令,将 self.amp_range 设置为[0.1, 5.0]
        self.phase_range = config.get('phase_range', [0, np.pi])
# 用 config.get()函数执行配置命令,将 self.phase_range 设置为[0, np.pi]
```

```
        self.input_range = config.get('input_range', [-5.0, 5.0])
#用 config.get()函数执行配置命令,将 self.input_range 设置为[-5.0, 5.0]
```

此时,输入维度与输出维度均设为 1,即 self.dim_input = 1, self.dim_output = 1。

(2) 如果数据集中包含 Omniglot,那么还需要调用 config.get()函数执行配置命令,将 self.num_classes 设置为 FLAGS.num_classes,并作为输出维度。同时,将 self.img_size 设置为(28, 28),并据此计算输入维度,算法为 self.dim_input = np.prod(self.img_size)。np.prod()是 NumPy 库中的函数,用于计算数组中所有元素的乘积。

此时,需要执行第二个子模块,以定义的形式生成目录。在元学习过程中,由第 3 章图像尺寸调整模型与算法得到的数据集将成为目录的内容。首先,调用 config.get()函数执行配置命令,将 data_folder 设置为./data/omniglot_resized,然后设置 character_folders。

```
character_folders = [os.path.join(data_folder, family, character) \
for family in os.listdir(data_folder) \
if os.path.isdir(os.path.join(data_folder, family)) \
for character in os.listdir(os.path.join(data_folder, family))]
```

回顾一下,Omniglot 数据集的两个主要子目录是 images_background、images_evaluation。在第 3 章,为代码调试前做准备工作时,已经手动创建目录./data/omniglot,并且已经将 images_background、images_evaluation 备份其中,如图 4-6 所示。

图 4-6　子目录 images_background 和子目录 images_evaluation

打开目录 images_background,可以看到其一级子目录 family,如图 4-7 所示。

图 4-7　目录 images_background 的子目录 family

继续打开第一个子目录 Alphabet_of_the_Magi,可以看到其子目录,即目录 images_background 的二级子目录 character,如图 4-8 所示。

电脑 > DATA (D:) > 1my books > Metalearningbook > code > 源代码 > data > omniglot > images_background > Alphabet_of_the_Magi

名称 ^	修改日期	类型	大小
character01	2024/1/11 11:16	文件夹	
character02	2024/1/11 11:16	文件夹	
character03	2024/1/11 11:16	文件夹	
character04	2024/1/11 11:16	文件夹	
character05	2024/1/11 11:16	文件夹	
character06	2024/1/11 11:16	文件夹	
character07	2024/1/11 11:16	文件夹	
character08	2024/1/11 11:16	文件夹	
character09	2024/1/11 11:16	文件夹	
character10	2024/1/11 11:16	文件夹	
character11	2024/1/11 11:16	文件夹	
character12	2024/1/11 11:16	文件夹	
character13	2024/1/11 11:16	文件夹	
character14	2024/1/11 11:16	文件夹	
character15	2024/1/11 11:16	文件夹	
character16	2024/1/11 11:16	文件夹	
character17	2024/1/11 11:16	文件夹	
character18	2024/1/11 11:16	文件夹	
character19	2024/1/11 11:16	文件夹	
character20	2024/1/11 11:16	文件夹	

图 4-8　子目录 character

目录 character_folders 的定义应包含图 4-7 和图 4-8 中一、二级子目录,是 family、character 两级目录对应路径名称的组合,即 os.path.join(data_folder,family,character)。

一级目录的生成,通过一级循环 for family in os.listdir(data_folder) 实现。在一级循环内嵌套条件 if os.path.isdir(os.path.join(data_folder,family)) 控制的二级循环生成二级子目录,即

```
for character in os.listdir(os.path.join(data_folder, family)
```

由此可见,理解数据结构及其对应的文件目录,有助于理解复杂代码。

4.5　元优化机制

4.5.1　元优化目录

目录 character_folders 生成后,可进一步选取元学习过程中所需的目录,构成元优化目录。选取分类数和样本数、图像数均涉及生成随机数,可以参考第 3 章中的思路设计算法。例如,希望在下述随机数生成时所用算法的起始整数值为 1,则可用命令 random.seed(1)。在选取之前,可以调用 random.shuffle 模块,打乱目录 character_folders 中的图像顺序,即

```
random.shuffle(character_folders)
```

令 num_val = 100,调用 config.get() 函数执行配置命令,将 num_train 设置为 1200,即抽取 1200 张图像,其中 100 张用于训练,最后 num_train = num_train-num_val = 1100。

此时,生成元训练目录的原始代码如下。

```
self.metatrain_character_folders = character_folders[:num_train]
```

如果希望训练和验证环节中未包含的图像均用于测试,那么生成元测试目录的原始代码如下。

```
if FLAGS.test_set:
self.metaval_character_folders = character_folders[num_train + num_val:]
# metaval 此时就是 metatest
```

如果仅希望需要 num_val 张图像用于验证,那么生成元验证目录的原始代码如下。

```
self.metaval_character_folders = character_folders[num_train:num_train + num_val]
```

MAML 模型原始代码中,还调用 config.get() 函数执行配置命令,为 self 设置旋转属性 self.rotations。旋转角度有 4 种,即 0°、90°、180° 和 270°,这相当于将数据集扩容了 4 倍。

如果数据集为 Mini-ImageNet,元优化目录的生成过程也是类似的。首先,调用 config.get() 函数执行配置命令,将 self.num_classes 设置为 FLAGS.num_classes,将 self.img_size 设置为 (84,84)。此时,输出维度 self.dim_output = self.num_classes,输入维度 self.dim_input = np.prod(self.img_size) * 3。

由于数据集 Mini-ImageNet 的目录结构不同于数据集 Omniglot,因此生成元训练、元测试、元验证目录的原始代码也有所差异。

```
metatrain_folder = config.get('metatrain_folder', './data/miniImagenet/train')
# 调用 config.get() 函数执行配置命令,将 metatrain_folder 设为 './data/miniImagenet/train'
            if FLAGS.test_set:
# 如果采用测试集验证,
                metaval_folder = config.get('metaval_folder', './data/miniImagenet/test')
# 就调用 config.get() 函数执行配置命令,将 metaval_folder 设为 './data/miniImagenet/test'
            else:
# 否则,意味着采用验证集验证
                metaval_folder = config.get('metaval_folder', './data/miniImagenet/val')
# 调用 config.get() 函数执行配置命令,将 metaval_folder 设为 './data/miniImagenet/val'
```

定义完成后,即可批量生成 metatrain_folders 、metaval_folders。

```
metatrain_folders = [os.path.join(metatrain_folder, label) \
        for label in os.listdir(metatrain_folder) \
```

```
                if os.path.isdir(os.path.join(metatrain_folder, label)) \
                ]
# 类似于目录 character_folders 的生成过程
# 一级目录的生成,通过一级循环 for label in os.listdir(metatrain_folder)实现
# 在一级循环内嵌套条件 if os.path.isdir(os.path.join(metatrain_folder, label))控制的二级
# 循环,生成二级子目录
            metaval_folders = [os.path.join(metaval_folder, label) \
                for label in os.listdir(metaval_folder) \
                if os.path.isdir(os.path.join(metaval_folder, label)) \
                ]
# 类似于目录 character_folders 的生成过程
# 一级目录的生成,通过一级循环 for label in os.listdir(metaval_folder)实现
# 在一级循环内嵌套条件 if os.path.isdir(os.path.join(metaval_folder, label))控制的二级循
# 环,生成二级子目录
```

对应地,self 属性设置也因与 omniglot 数据集目录结构不同,而生成的原始代码也有所差异。

```
    self.metatrain_character_folders = metatrain_folders
    self.metaval_character_folders = metaval_folders
```

该数据集要比 Omniglot 数据集庞大得多,无须再通过旋转对数据集扩容。

```
    self.rotations = config.get('rotations', [0])
# 调用 config.get()函数执行配置命令,将 self.rotations 角度设为 0°
```

如果是新的数据集,由于 MAML 模型原始代码中未包含相应的预处理算法,会导致无法识别。此时,调用 raise ValueError()函数,即可输出错误提示 Unrecognized data source。

4.5.2　元优化的输入

一般无法直接用 MAML 模型原始代码训练新的数据集。但是,只要为新数据集编写制作过程代码,并对应修改原始代码的其他模块,就能运行成功,感兴趣的读者请自行尝试。

接下来深入研究如下代码模块,理解元优化的输入和数据集张量的制作原理。

元优化的输入模块代码包括 6 个子模块,其第一个子模块完成函数初始化。

```
def make_data_tensor(self, train = True):
# 定义函数 make_data_tensor(),该函数有 self 和 train 两个输入
        if train:
# 如果 train 为 True
# 参数 train 的默认值为 True,取值为 True,表示此时为训练阶段
            folders = self.metatrain_character_folders
```

```
                    #将 self.metatrain_character_folders 简写为 folders
                    num_total_batches = 200000
#将制作 200000 个任务样本,用于元训练
            else:
#如果参数 train 取值为 False,表示此时为测试阶段
                    folders = self.metaval_character_folders
                        #将 self.metaval_character_folders 简写为 folders
num_total_batches = 600
#将制作 600 个任务样本,用于元测试
```

第二个子模块制作文件列表。

```
        print('Generating filenames')
#即将生成文件列表
        all_filenames = []
#定义文件列表,初始值为空
        for _ in range(num_total_batches):
#借助 for 循环语句,读取所有任务样本
            sampled_character_folders = random.sample(folders, self.num_classes)
#从 folders 中随机抽取 self.num_classes 个样本,组成 sampled_character_folders
            random.shuffle(sampled_character_folders)
#打乱 sampled_character_folders 列表内各元素的次序后,输出打乱次序后的样本
            labels_and_images = get_images(sampled_character_folders, range(self.num_
classes), nb_samples = self.num_samples_per_class, shuffle = False)
#调用 get_images()函数,按照 range(self.num_classes)的要求,从 sampled_character_folders
#中读取图像,读取数量为 nb_samples = self.num_samples_per_class,此时不打乱次序
            labels = [li[0] for li in labels_and_images]
#得到标签列表
            filenames = [li[1] for li in labels_and_images]
#得到文件列表
            all_filenames.extend(filenames)
#将各元素迭代添加进文件列表,完成文件列表的保存
```

第三个子模块制作元优化的有序输入队列,以便有序地读取文件。

```
    filename_queue = \
tf.train.string_input_producer(tf.convert_to_tensor(all_filenames), shuffle = False)
#不要打乱文件次序,先调用 tf.convert_to_tensor()函数,将文件列表转换为张量形式,然后调用
tf.train.string_input_producer()函数,生成元优化的有序输入队列
        print('Generating image processing ops')
        image_reader = tf.WholeFileReader()
        _, image_file = image_reader.read(filename_queue)
```

第四个子模块对数据集进行调整操作,但分 2 种情况。

(1) 如果源数据集为 Mini-ImageNet,先调用 tf.image.decode_jpeg()函数,执行 RGB

三通道解码操作,即 image = tf.image.decode_jpeg(image_file, channels=3) 。然后再调用 image.set_shape()函数,将每张图像的尺寸缩小至原来的 1/3,即 image.set_shape((self.img_size[0],self.img_size[1],3)) 。最后调用 tf.reshape()函数,按照设定的输入维度,对图像进行调整。

```
image = tf.reshape(image, [self.dim_input])
            image = tf.cast(image, tf.float32) / 255.0
# 调用 tf.cast()函数,将图像集 image 转换为类型为 tf.float32 的张量
```

(2) 如果数据集不是 Mini-ImageNet,则必然是 Omniglot。此时,处理方式几乎完全一致,但在调整之前,不需要缩小每张图像的尺寸了。

第五个子模块进行任务单元的构建,打包所有图像,完成元训练数据集的制作,图像数据打包代码如下。首先,通过垂直镜像变换语句 image = 1.0-image,更新变量 image 的值,以便打包。为方便修改预处理期间的线程数,引入变量 num_preprocess_threads,并赋值为1。线程数是 CPU 能同时运行的程序数量,队列中保底样本数 min_queue_examples 的值为256,必要时 num_preprocess_threads 可改为大于1的数,以便提升数据集的制作速度。

```
examples_per_batch = self.num_classes * self.num_samples_per_class
# 每个 batch 中的样本数为类别数与每类的样本数的乘积
    batch_image_size = self.batch_size * examples_per_batch
# 打包后的总样本数 batch_image_size 为样本容量与每个 batch 中的样本数的乘积
        print('Batching images')
# 输出提示:图像打包中
```

打包后,调用 tf.train.batch()函数,即可完成元训练数据集的制作,核心代码如下。

```
images = tf.train.batch(
        [image],
        batch_size = batch_image_size,
        num_threads = num_preprocess_threads,
        capacity = min_queue_examples + 3 * batch_image_size,
        )
# tf.train.batch()是批量学习函数,用于任务的联合训练。前3个输入参数分别是图像集
# [image]本身、总样本数 batch_size、线程数 num_threads
```

上述代码中,tf.train.batch()函数引入了容量参数 capacity,并设置为队列中保底样本数与总样本数之和的3倍,以便扩容数据集。针对可能的源数据不足问题,元优化输入代码模块还附加提供了数据集扩容方式,这正是第六个子模块的内容。

第六个子模块以数据集 Omniglot 为例,解释了如何通过旋转图像,再造数据,实现数据集的扩容。首先,为了区别于扩容前,需要定义新的打包名称,并将初始值设为空,即 all_ image_batches，all_label_batches ＝ []，[]。然后，可以借助语句 for i in range(self.batch_size) 循环处理训练集中的所有样本，第 i 次循环处理的对象是 image_batch ＝ images[i ＊ examples_per_batch:(i+1) ＊ examples_per_batch]。此处不再直接指定旋转的角度，而是借助 tf.multinomial() 函数对概率分布 tf.log([[1.，1.，1.，1.]]) 进行采样，生成旋转角度的张量集 rotations，即 rotations ＝ tf.multinomial(tf.log([[1.，1.，1.，1.]])，self.num_classes)。对应地，需要将全体标签也转换为张量集，以便完成相应的旋转，即 label_batch ＝ tf.convert_to_tensor(labels)。

　　扩容循环是以任务样本为单元，因此需要在其内部嵌套一个子循环，即 for k in range(self.num_samples_per_class)，对每个任务单元循环处理每一类中的每张图像，这涉及双层循环。此时，可调用 print() 函数输出提示，即 print('To augment the dataset by rotating digits to create new classes:') 以明确扩容方式。为了区别于扩容前，需要定义新的文件列表和标签列表，并设置初始值为空，即 new_list，new_label_list ＝ []，[]。其编程思路是：在内嵌循环中生成两个初级列表；然后在外部循环过程中同步扩展 new_list、new_label_list 的内容；最后完成张量拼接，结束扩容循环，完整代码注解如下。

```
    for i in range(self.batch_size):
#外部循环:处理训练集中的所有样本
        image_batch = \
images[i * examples_per_batch:(i+1) * examples_per_batch]
#第 i 次循环处理的对象
if FLAGS.datasource == 'omniglot':
#如果数据集为 Omniglot
            rotations = tf.multinomial(tf.log([[1., 1.,1.,1.]]), self.num_classes)
#生成旋转角度的张量集 rotations
            label_batch = tf.convert_to_tensor(labels)
#将全体标签也转换为张量集
            new_list, new_label_list = [], []
#定义新的文件列表和标签列表,并设置初始值为空
            for k in range(self.num_samples_per_class):
#内嵌循环:对每个任务单元,循环处理每一类中的每张图像
                class_idxs = tf.range(0, self.num_classes)
#提取分类数
                class_idxs = tf.random_shuffle(class_idxs)
#打乱类别次序
                true_idxs = class_idxs * self.num_samples_per_class + k
#定义 true_idxs 为:分类数 × 每一类中的图像数 + k
                new_list.append(tf.gather(image_batch,true_idxs))
#使用 append() 函数为列表 new_list 追加元素
#抽取出 image_batch 里对应 true_idxs 的所有 index,生成 new_list
                new_list[-1] = tf.stack([tf.reshape(tf.image.rot90(
                    tf.reshape(new_list[-1][ind], [self.img_size[0],self.img_size
[1],1]),
```

```
                                    k = tf.cast(rotations[0,class_idxs[ind]], tf.int32)), (self.dim_
input,))
                                for ind in range(self.num_classes)])
```
旋转操作,请注意观察逗号和中括号,前 4 行均是 new_list[-1]的定义
调用 tf.stack()函数,完成矩阵拼接,用法为 tf.stack([x, y, …]),其输入是右中括号"]"结尾
如果定义 tfi = tf.image.rot90(tfr, k = tfc), 其中 tfr = tf.reshape(new_list[-1][ind],
[self.img_size[0], self.img_size[1],1]), tfc = tf.cast(rotations[0,class_idxs[ind]],
tf.int32), 那么上述 4 行就可以简写为 new_list[-1] = tf.stack([tf.reshape(tfi,
(self.dim_input,)) for ind in range(self.num_classes)])
```
                            new_label_list.append(tf.gather(label_batch, true_idxs))
```
使用 append()函数为列表 new_label_list 追加元素
抽取出 label_batch 里对应 true_idxs 的所有 index,生成 new_label_list
内嵌循环至此结束
接下来是外部循环的收尾环节,即张量拼接
```
                new_list = tf.concat(new_list, 0)
```
#new_list 张量拼接,得到的形状 shape 为 [self.num_classes?self.num_samples_per_class,
self.dim_input]
```
                new_label_list = tf.concat(new_label_list, 0)
```
#new_label_list 张量拼接
```
                all_image_batches.append(new_list)
```
生成 all_image_batches 文件列表
```
                all_label_batches.append(new_label_list)
```
生成 all_image_batches 标签列表
```
            all_image_batches = tf.stack(all_image_batches)
```
#all_image_batches 张量拼接
```
            all_label_batches = tf.stack(all_label_batches)
```
#all_label_batches 张量拼接
```
            all_label_batches = tf.one_hot(all_label_batches, self.num_classes)
```
使用独热编码(one-hot encoding),完成数据集标注
```
            return all_image_batches, all_label_batches
```
函数 make_data_tensor()定义结束,返回值为张量 all_image_batches 和 all_label_batches

4.5.3　元优化的输出

对于一些特殊的数据集,例如无穷集的正弦曲线数据集需要同时生成元优化的输入和
输出。

```
    def generate_sinusoid_batch(self, train = True, input_idx = None):
```
定义 generate_sinusoid_batch()函数,该函数 3 个输入,分别为 self、train、input_idx,self 是
实例对象本身,train 表示要生成训练集,input_idx 是梯度更新所用的样本数
```
        amp = np.random.uniform(self.amp_range[0], self.amp_range[1], [self.batch_size])
```
用 np.random.uniform()函数生成在区间[self.amp_range[0], self.amp_range[1]]均匀分布的
随机数,随机数的总数为[self.batch_size],因为是 ndarray 数组类型,加了中括号

```
                phase = np.random.uniform(self.phase_range[0], self.phase_range[1], [self.batch_
        size])
```
用np.random.uniform()函数生成在区间[self.phase_range[0], self.phase_range[1]]均匀分布
的随机数,其总数为[self.batch_size],因为是ndarray数组类型,加了中括号
```
                outputs = np.zeros([self.batch_size, self.num_samples_per_class, self.dim_
        output])
```
调用np.zeros()函数,创建所有元素初值为零的输出数组outputs
```
            init_inputs = np.zeros([self.batch_size, self.num_samples_per_class, self.dim_
        input])
```
调用np.zeros()函数,创建所有元素初值为零的初始输入数组init_inputs
输入输出定义结束,下面通过循环生成元优化的输入输出
```
            for func in range(self.batch_size):
```
循环范围是在self.batch_size内,将每个任务样本看成一个func()函数
```
                init_inputs[func] = \
        np.random.uniform(self.input_range[0], self.input_range[1], [self.num_samples_per_class, 1])
```
用np.random.uniform()函数生成在区间[self.input_range[0], self.input_range[1]]均匀分布
的随机数,其总数为[self.num_samples_per_class, 1],因为是ndarray数组类型,加了中括号
```
                if input_idx is not None:
```
如果input_idx非空
```
                    init_inputs[:,input_idx:,0] = \
        np.linspace(self.input_range[0], self.input_range[1], num = self.num_samples_per_class - input_
        idx, retstep = False)
```
调用np.linspace()函数,由区间[self.input_range[0], self.input_range[1]]
生成含有num个数的等间隔数列。retstep为False,故不用返回步长
如前文所述,通过正弦曲线离散化,就可以得到数据集sinusoid
```
                outputs[func] = amp[func] * np.sin(init_inputs[func] - phase[func])
            return init_inputs, outputs, amp, phase
```

第 5 章

应用拓展问题

5.1 问题描述

5.1.1 前述问题回顾

全书将元学习的研究梳理为 5 个问题。在解释最后一个问题之前,有必要回顾和梳理一下前 4 个问题。第 1 章的联合训练问题与第 2 章的任务构建问题是元学习研究的基本问题。在前两章整理了相关的释义代码(近似于伪代码),而对应的原始代码则包含在第 4 章。第 1 章的联合训练定义主要是通过 def train_model(self, mytrain_data, inner_optimizer, inner_step, outer_optimizer = None)函数实现,在原始代码中对应 4.2.2 节的 def train (model, saver, sess, exp_string, data_generator, resume_itr = 0)函数。第 2 章的任务构建通过 class MyDataTask(object)实现,在原始代码中对应 3.4.1 节的 def get_images (paths, labels, nb_samples = None, shuffle = True)的图像读取细节以及 4.2.2 节中 def train(model, saver, sess, exp_string, data_generator, resume_itr = 0)的任务构建细节。

第 3 章的过程建模问题与第 4 章的输入输出问题是元学习研究的核心问题。元学习系统是面向过程的机器学习系统,第 3 章描述了随机抽样过程、样本学习过程、最优化过程,元优化过程、最大池化过程正是其主要过程,这些过程从元学习系统的输入开始,到系统的输出结束,与第 4 章的输入输出问题相呼应,是整个元学习过程的主线。

第 4 章的代码文件 main.py 是输入输出的执行器,作为主程序,除了调用第 3 章的代码文件 data_generator.py 里的 DataGenerator 模块,也调用了本章代码文件 maml.py 中的 MAML 模块,调用形式为 model = MAML(dim_input, dim_output, test_num_updates = test_num_updates)。

5.1.2 元学习系统网络

算法是以应用为最终目标。因此,本章解释的应用拓展问题是元学习研究的根本问题。在关键程序 maml.py 中,调用了代码文件 special_grads.py 以及代码文件 utils.py 里的 4 个模块(mse、xnet、conv_block 和 normalize)。本节将对代码文件 maml.py 进行详细注解,并以此为主线,系统化地研究元学习系统的应用拓展问题。

代码文件 maml.py 主要实现了 MAML 的核心算法,对其中涉及的神经网络进行了定义。作为深度学习模型的拓展应用,元学习模型也是以神经网络算法为基础。如前所述,任务构建问题可以转化为 3 个问题,即如何划分小样本单元、如何设计元学习算法、如何运用预训练结果提升元优化的准确率等。其中,后两个问题都与神经网络算法联系密切。神经网络是人工神经网络的简称,其算法思想是要建立一种模仿生物神经网络的结构和功能的数学模型或计算模型,因此也可称为类神经网络。其模仿的对象不限于人类,也可以是其他动物的中枢神经系统,特别是大脑。人工神经网络,顾名思义,由大量人工神经元连接而成的计算学习网络。神经网络可用于对任意函数进行估计或近似,因此也适用于元学习模型。人工神经网络是一个自适应系统,能在任务构建过程中自主改变内部结构。由于元任务样本的多样性,元学习模型会涉及一系列非线性、统计性数据的建模问题,而神经网络中的前向传播、反向传播及其优化机制构成了很好的解决方案。

通过前 4 章的阅读,读者已经拥有基础的编程思维,接下来通过理解代码文件 maml.py 的设计,进一步发展较为完善的编程思维。

(1) 需要导入 NumPy 库和 sys 库。这是 Python 的 2 个内置库,相对而言,NumPy 库更为常用(在代码中一般简写为 np),sys 库则提供了访问与解释器、系统相关的变量和函数,可用于处理全局参数。

(2) 元学习网络的定义需要导入深度学习框架 TensorFlow(在代码中简写为 tf),还需要从 tensorflow.python.platform 中导入 flags,以便定义和调用相关的全局参数。

(3) 代码文件 maml.py 本质上是前述模块的应用拓展,因此需要从 utils 中导入 mse、xent、conv_block 和 normalize。如 4.1.3 节所述,为有效处理错误,并输出提示,还需要同时从 __future__ 模块导入 print_function 特性。

5.1.3　MAML 的定义

全局参数只需要通过外部命令行传递,不必在算法代码内部修改。类似于第 4 章的编程思路,在样本训练和测试环节,将使用 FLAGS 解析全局参数。这些全局参数可以用 flags.DEFINE_XXX(参数名称,默认值,具体描述)的形式进行定义。因此,在正式定义 MAML 算法之前,可借助命令 FLAGS = flags.FLAGS,引入全局变量 tensorflow.python.platform.flags.FLAGS,并简写为 FLAGS。

在代码文件 maml.py 中,以 class 的形式定义 MAML 算法。在 4.4.2 节的生成器初始化模块中,class 形式的定义需要借助 def __init__() 函数,对 class 的创建对象进行初始化。本章对 MAML 算法的定义采用 class 形式的定义,其核心代码如下。

```
class MAML:
# class 是 MAML 的定义形式
def __init__(self, dim_input = 1, dim_output = 1, test_num_updates = 5):
# 创建 class 的方式是借助 __init__() 函数对创建对象进行初始化
```

```
# 该函数有 4 个输入,实例对象 self 必不可少
# 输入输出维度 dim_input 和 dim_output 均设置为 1
# 元测试期间,梯度更新次数 test_num_updates 设置为 5
# 接下来,是对 self 属性的一系列定义
        self.dim_input = dim_input
# 将 self.dim_input 定义为 dim_input
        self.dim_output = dim_output
# 将 self.dim_output 定义为 dim_output
        self.update_lr = FLAGS.update_lr
# 将 self.update_lr 定义为 FLAGS.update_lr
        self.meta_lr = tf.placeholder_with_default(FLAGS.meta_lr, ())
# 将 self.meta_lr 定义为 tf.placeholder_with_default(FLAGS.meta_lr, ())
# 将 tf.placeholder_with_default()函数用于占位符操作,用法如下:
# tf.placeholder_with_default(input, shape, name = None)
# 通过一个占位符 op 输入张量 FLAGS.meta_lr
# 注意,shape 为空,因此输入张量 FLAGS.meta_lr 的形状不受限制
# 单词 placeholder,有占位符的含义
        self.classification = False
# 将 self.classification 定义为 False,注意,只是初始值
        self.test_num_updates = test_num_updates
# 将 self.test_num_updates 定义为 test_num_updates
# 注意,定义 self 的模型属性时,需要考虑数据集的差异,共分为 3 种不同情形:
        if FLAGS.datasource == 'sinusoid':
# 情形 1. 如果数据集为无穷集 sinusoid
            self.dim_hidden = [40, 40]
# 将隐含层维度 self.dim_hidden 定义为[40, 40]
            self.loss_func = mse
# 将 self.loss_func 定义为 mse
            self.forward = self.forward_fc
# 将 self.forward 定义为 self.forward_fc,相当于定义了 MAML 的前向传播函数 fc()
            self.construct_weights = self.construct_fc_weights
# 将 self.construct_weights 定义为 self.construct_fc_weights
# 本质上是构造 MAML 网络的权值


elif FLAGS.datasource == 'omniglot' or FLAGS.datasource == \
'miniimagenet':


# 情形 2. 如果源数据集为 Omniglo 或 Mini-ImageNet
            self.loss_func = xent
# 将 self.loss_func 定义为 xent
            self.classification = True
# 将 self.classification 定义为 True
# 对于此情形,其他模型属性的定义又分为两种情况:
            if FLAGS.conv:
# 情形 2 - 1. 如果使用一个卷积网络
# 参数 conv 在 4.2.1 节已定义,默认值是 True,用于决定是否使用一个卷积网络
```

```
                self.dim_hidden = FLAGS.num_filters
```
此时,隐含层维度等于过滤器数量
```
                self.forward = self.forward_conv
```
将前向传播函数改为前向卷积
```
                self.construct_weights = self.construct_conv_weights
```
将模型网络权值改为卷积权值
```
            else:
```
情形 2-2. 如果不使用卷积网络
```
                self.dim_hidden = [256, 128, 64, 64]
```
此时隐含层维度为[256, 128, 64, 64]
```
                self.forward = self.forward_fc
```
前向传播函数不用改变
```
                self.construct_weights = self.construct_fc_weights
```
模型网络权值不用改变

对于情形 2,注意,不同数据集的输出通道维度 self.channels 需要分别定义:
```
            if FLAGS.datasource == 'miniimagenet':
```
如果源数据集为 Mini-ImageNet
```
                self.channels = 3
```
输出通道维度为3
```
            else:
```
如果源数据集为 Omniglot
```
                self.channels = 1
```
输出通道维度为1
```
            self.img_size = \
int(np.sqrt(self.dim_input/self.channels))
```
定义图像尺寸的属性
先计算平均输入维度 self.dim_input/self.channels,再求平方根,最后取整

```
        else:
```
情形 3. 如果数据集未知
```
                raise ValueError('Unrecognized data source.')
```
输出错误提示

5.2　建模思路

5.2.1　系统模型拓展

第 4 章已经对系统架构模型进行定义和较为全面地研究,但系统模型应用和拓展的细节主要包含在代码文件 maml.py 中,因此未能深入研究,现注解如下。

```
        def construct_model(self, input_tensors = None, prefix = 'metatrain_'):
# 定义 construct_model()函数,该函数属于第 4 章系统架构的拓展模块,提供输入输出的接口
```

```
# 与第 4 章类似,如下接口变量中的 a 代表训练集,b 代表测试集
        if input_tensors is None:
# 如果输入张量为空,执行如下占位操作
            self.inputa = tf.placeholder(tf.float32)
# 调用 tf.placeholder()函数,完成训练集输入占位,输入接口类型为 tf.float32
            self.inputb = tf.placeholder(tf.float32)
# 调用 tf.placeholder()函数,完成测试集输入占位,输入接口类型为 tf.float32
            self.labela = tf.placeholder(tf.float32)
# 调用 tf.placeholder()函数,完成训练集标签占位,标签接口类型为 tf.float32
            self.labelb = tf.placeholder(tf.float32)
# 调用 tf.placeholder()函数,完成测试集标签占位,标签接口类型为 tf.float32
        else:
# 如果输入张量非空,直接执行如下接口赋值操作
            self.inputa = input_tensors['inputa']
# 将 input_tensors 中的 inputa 赋值到 self.inputa 接口
            self.inputb = input_tensors['inputb']
# 将 input_tensors 中的 inputb 赋值到 self.inputb 接口
            self.labela = input_tensors['labela']
# 将 input_tensors 中的 labela 赋值到 self.labela 接口
            self.labelb = input_tensors['labelb']
# 将 input_tensors 中的 labelb 赋值到 self.labelb 接口


        with tf.variable_scope('model', reuse = None) as \
training_scope:
# 调用 tf.variable_scope()函数,设置 model 的作用域为 training_scope
        if 'weights' in dir(self):
# 如果 dir(self)已包含'weights',那么
            training_scope.reuse_variables()
# 拓展重复利用参数的接口
            weights = self.weights
# 重复利用的 weights 参数可直接定义为 self.weights
        else:
# 如果 dir(self)不包含'weights',那么
            self.weights = weights = self.construct_weights()
# 定义 self.weights = weights,其中参数 weights 可通过 self.construct_weights()构造
        lossesa, outputas, lossesb, outputbs = [], [], [], []
# 训练集、测试集的输出和损失均初始化为空集
        accuraciesa, accuraciesb = [], []
# 训练集、测试集的精度均初始化为空集
        num_updates = max(self.test_num_updates, FLAGS.num_updates)
# 梯度更新次数取 self.test_num_updates 和 FLAGS.num_updates 中较大者
        outputbs = [[]] * num_updates
# 拓展测试集的输出,按照梯度更新次数成倍归并
        lossesb = [[]] * num_updates
# 拓展测试集的损失,按照梯度更新次数成倍归并
        accuraciesb = [[]] * num_updates
# 拓展测试集的精度,按照梯度更新次数成倍归并
```

5.2.2 梯度模型拓展

在第 4 章已经对输入输出模块进行定义,在第 3 章中也对样本学习过程做了初步研究,但是元任务的学习过程和应用细节主要包含在代码文件 maml.py 中,因此未能深入研究。其中主要涉及快速梯度下降及其应用,现结合学习过程,注解如下。

首先是梯度模型的拓展,通俗地说,是通过一次梯度下降,得到快速梯度下降所需的递归参数 fast_weights,其具体分为入学、预习 2 个环节,并将在本小节展示,核心学习过程将在 5.2.3 节展示。

```
# 入学环节:初始化,即学习前的准备工作
        def task_metalearn(inp, reuse = True):
# 定义 task_metalearn()函数,是第 4 章输入输出的拓展模块,提供学习过程接口
        inputa, inputb, labela, labelb = inp
# 训练集、测试集的输入和标签都从 inp 中读取
        task_outputbs, task_lossesb = [], []
# 任务 task 的学习过程开始之前,测试集的输出和损失均初始化为空集

# 预习环节:通过一次梯度下降,得到递归参数 fast_weights,用于后续的快速梯度下降
        if self.classification:
# 如果 self.classification 为 False
# 在 MAML 定义模块已将 self.classification 初始化为 False
        task_accuraciesb = []
# 任务 task 的学习过程开始之前,测试集的精度也初始化为空集
        task_outputa = self.forward(inputa, weights, reuse = reuse)
# 从训练集的输入开始,使用共享权值 weights 完成前向传播
        task_lossa = self.loss_func(task_outputa, labela)
# 根据输出结果和真实标签值,调用 self.loss_func()函数初始化对应的损失
        grads = tf.gradients(task_lossa, list(weights.values()))
# 损失 task_lossa 的梯度初始化,求导对象为 list(weights.values())
        if FLAGS.stop_grad:
# 如果收到 stop_grad 命令,那么
        grads = [tf.stop_gradient(grad) for grad in grads]
# 调用 tf.stop_gradient()函数,停止梯度计算,得到 grads 的更新值
        gradients = dict(zip(weights.keys(), grads))
# 利用 dict(zip())函数,将两个列表 weights.keys()、grads 组合为字典 gradients
        fast_weights = dict(zip(weights.keys(), [weights[key] - self.update_lr
* gradients[key] for key in weights.keys()]))
# 利用 dict(zip())函数,将两个列表 weights.keys()、[weights[key] - self.update_lr *
# gradients[key] for key in weights.keys()]组合为字典 fast_weights,将用于快速梯度下降
        output = self.forward(inputb, fast_weights, reuse = True)
# 利用 self.forward()函数,计算当前测试集上的输出结果
        task_outputbs.append(output)
# 将当前测试集上的输出结果归并到 task_outputbs
        task_lossesb.append(self.loss_func(output, labelb))
# 将当前测试集上计算的损失归并到 task_lossesb
```

5.2.3　快速梯度下降

上述算法通过一次梯度更新,得到快速梯度下降的初始化参数 fast_weights。接下来,将循环执行快速梯度下降,完成余下的 num_updates−1 次梯度更新,并且每次更新后都会重新计算 fast_weights。每一轮的循环算法均与 5.2.1 节基本一致,因此不难理解其编程思路,核心代码如下。

```
#学习环节:循环执行快速梯度下降
for j in range(num_updates − 1):
#算法与 5.2.1 节基本一致,因此不难理解其编程思路
                    loss = self.loss_func(self.forward(inputa, fast_weights, reuse =
True), labela)
#根据输出结果和真实标签值,调用 self.loss_func()函数计算当前训练损失
#首先计算 outputa = self.forward(inputa, fast_weights, reuse = True)
#然后计算第 j 次快速梯度下降后训练集上的 loss = self.loss_func(outputa, labela)
                    grads = tf.gradients(loss, list(fast_weights.values()))
#计算损失 loss 的梯度,求导对象为 list(fast_weights.values())
                    if FLAGS.stop_grad:
#如果收到停止梯度计算的命令
                        grads = [tf.stop_gradient(grad) for grad in grads]
#调用 tf.stop_gradient()函数,停止梯度计算,得到第 j 次快速梯度下降后 grads 的更新值
                    gradients = dict(zip(fast_weights.keys(), grads))
#利用 dict(zip())函数,将两个列表 fast_weights.keys()、grads 组合为字典 gradients
            fast_weights = dict(zip(fast_weights.keys(), [fast_weights[key] − self.update
_lr * gradients[key] for key in fast_weights.keys()]))
#重新计算 fast_weights,即利用 dict(zip())函数,将两个列表 fast_weights.keys()、
# [fast_weights[key] − self.update_lr * gradients[key] for key in fast_weights.keys()]组合
#为字典 fast_weights
        output = self.forward(inputb, fast_weights, reuse = True)
#利用 self.forward()函数,计算当前测试集上的输出结果
                    task_outputbs.append(output)
#将当前测试集上的输出结果归并到 task_outputbs
                task_lossesb.append(self.loss_func(output, labelb))
#将当前测试集上的输出损失归并到 task_lossesb
                task_output = [task_outputa, task_outputbs, task_lossa, task_lossesb]
#将 task_outputa、task_outputbs、task_lossa、task_lossesb 归并到 task_out

                    if self.classification:
#如果 self.classification 为 True,
                    task_accuracya = \
tf.contrib.metrics.accuracy(tf.argmax(tf.nn.softmax(task_outputa), 1), tf.argmax(labela, 1))
#计算训练集上的精度,即先调用 tf.nn.softmax()函数将 task_outputa 转换为概率值
#然后调用 tf.argmax()函数找出排第一的概率值及其对应标签值
#最后调用 tf.contrib.metrics.accuracy()函数生成精度值
```

```
for j in range(num_updates):
# 以 j 为循环控制指标,对上述进行 num_updates 次梯度更新
task_accuraciesb. append (tf. contrib. metrics. accuracy (tf. argmax (tf. nn. softmax (task_
outputbs[j]), 1), tf. argmax(labelb, 1)))
# 计算测试集上的精度
                    task_output. extend([task_accuracya, task_accuraciesb])
# 为 task_output 拓展内容[task_accuracya, task_accuraciesb]
                        return task_output
# 返回 task_output 的最终结果,task_metalearn()函数的定义到此结束
```

为更好地解释最优化方法,此模块原始代码的剩余部分将在 5.4 节继续分析讨论。

5.3 算法思想

5.3.1 输入层的权值

作为深度学习模型的拓展应用,元学习网络的构造也依赖于权值的生成。在 MAML 算法程序中,主要是借助 tf. Variable()函数生成了网络权值。此函数用于创建张量形式的变量,可以创建任意形状和类型的张量 Variable,具体用法为 tf. Variable(初始值,变量名),其中变量名可以缺省。

在 MAML 算法程序中,tf. Variable()函数的变量名默认为 weights 权值张量,其初始值则通过 tf. truncated_normal()函数得到。单词 truncated 有截断的意思,顾名思义,此函数可以截断地生成符合正态分布的随机数。所谓"截断"地生成,是指如果生成值与均值的差值大于两倍标准差,则截断当下的生成过程,重新生成随机数。该函数用法为 tf. truncated_normal(shape,mean,stddev),其中 shape 是生成张量的维度,mean 是均值,stddev 是 standard deviation 的简写,即标准差。

网络构造算法,首先是构造权值,包括输入层权值和隐含层权值的构造,其核心代码注解如下。

```
    def construct_fc_weights(self):
# 定义 construct_fc_weights()函数,输入参数为实例对象本身,用于为前向网络构造权值
        weights = {}
# 初始化权值系数集合
        weights['w1'] = tf. Variable(tf. truncated_normal([self. dim_input, self. dim_hidden
[0]], stddev = 0.01))
# 借助 tf. Variable()函数生成网络的权值 weights['w1']
# 将初始值定义为 tf. truncated_normal([self. dim_input, self. dim_hidden[0]], stddev = 0.01)
        weights['b1'] = tf. Variable(tf. zeros([self. dim_hidden[0]]))
# 以 tf. zeros([self. dim_hidden[0]])为初始值,借助 tf. Variable()函数生成网络的权值 weights['b1']
# 输入层构造完毕
```

5.3.2　隐含层的权值

本节将完成构造隐含层的权值。

```
        for i in range(1,len(self.dim_hidden)):
#循环控制指标 i 将从 1 增加到 len(self.dim_hidden)
            weights['w' + str(i + 1)] = \
tf.Variable(tf.truncated_normal([self.dim_hidden[i - 1], self.dim_hidden[i]], stddev = 0.01))
#借助 tf.Variable()函数生成网络的权值 weights['w' + str(i + 1)]
#将初始值定义为 tf.truncated_normal([self.dim_hidden[i - 1], self.dim_hidden[i]], stddev =
0.01)
            weights['b' + str(i + 1)] = \
tf.Variable(tf.zeros([self.dim_hidden[i]]))
#以 tf.zeros([self.dim_hidden[i]])为初始值,生成网络的权值 weights['b' + str(i + 1)]
        weights['w' + str(len(self.dim_hidden) + 1)] = \
tf.Variable(tf.truncated_normal([self.dim_hidden[ - 1], self.dim_output], stddev = 0.01))
#借助 tf.Variable()函数生成网络的权值 weights['w' + str(len(self.dim_hidden) + 1)]
#将初始值定义为 tf.truncated_normal([self.dim_hidden[ - 1], self.dim_output], stddev = 0.01)
        weights['b' + str(len(self.dim_hidden) + 1)] = \
tf.Variable(tf.zeros([self.dim_output]))
#以 tf.zeros([self.dim_output])为初始值,生成网络的权值['b' + str(len(self.dim_hidden) + 1)]
        return weights
#construct_fc_weights()函数的定义到此结束,返回值为 weights
#接下来将构造前向网络
```

5.3.3　网络构造算法

权值构造已完成,现在,主要借助正则化函数 normalize()和 tf.matmul()实现网络构造。normalize()函数用于将输入数据调整到一定范围,使其幅值可控,便于进行后续处理。tf.matmul()函数用于完成网络构造过程中的矩阵乘法。

本节先完成前向网络的构造,然后在 5.3.4 节和 5.3.5 节进行拓展。

```
  def forward_fc(self, inp, weights, reuse = False):
#定义 forward_fc()函数,用于构造前向网络
        hidden = normalize(tf.matmul(inp, weights['w1']) + weights['b1'], activation = tf.
nn.relu, reuse = reuse, scope = '0')
#利用输入层 inp 及其权值,得到隐含层的输入
#tf.matmul()函数用于实现矩阵乘法
        for i in range(1,len(self.dim_hidden)):
#循环控制指标 i 将从 1 增加到 len(self.dim_hidden)
            hidden = normalize(tf.matmul(hidden, weights['w' + str(i + 1)]) + weights['b' +
str(i + 1)], activation = tf.nn.relu, reuse = reuse, scope = str(i + 1))
#利用隐含层的输入及其权值,得到隐含层的输出,即输出层的输入
```

```
        return tf.matmul(hidden, weights['w' + str(len(self.dim_hidden) + 1)]) + \
    weights['b' + str(len(self.dim_hidden) + 1)]
    # 利用隐含层的输出及输出层的权值,得到最终输出
    # forward_fc()函数的定义到此结束,返回值为最终的输出
```

5.3.4 从卷积层拓展

元学习网络构造完成后,接下来开始从卷积层拓展网络。此时用到了 TensorFlow 中的高级科学计算包 tf. contrib. layers. xavier_initializer,其包含有很多函数的高级封装。在 MAML 算法程序中,主要用到 tf. contrib. layers. xavier_initializer( ) 函数和 tf. contrib. layers. xavier_initializer_conv2d( ) 函数。

tf. contrib. layers. xavier_initializer( ) 函数的用法为

```
xavier_initializer(权值分布, seed, dtype = tf.float32)
```

其中,权值分布可以是均匀分布 uniform 或正态分布 normal 等,seed 是用来生成随机数的种子,数据类型 dtype 是浮点数型 tf. float32。

此函数主要用于网络权值的初始化,是普通初始化器。

tf. contrib. layers. xavier_initializer_conv2d( ) 函数在此基础上使用了二维卷积的初始化器。

现在开始从卷积层拓展网络,核心代码如下。

```
def construct_conv_weights(self):
# 定义 construct_conv_weights()函数,输入参数为实例对象本身,用于卷积层的拓展
        weights = {}
# 初始化权值系数集合
        dtype = tf.float32
# 设置数据类型为 tf.float32
        conv_initializer = \
tf.contrib.layers.xavier_initializer_conv2d(dtype = dtype)
# 调用 tf.contrib.layers.xavier_initializer_conv2d()函数,得到初始化权值 conv_initializer
        fc_initializer = \
tf.contrib.layers.xavier_initializer(dtype = dtype)
# 调用 tf.contrib.layers.xavier_initializer()函数,得到初始化权值 fc_initializer
        k = 3
# 设置参数 k 值为 3
        weights['conv1'] = tf.get_variable('conv1', [k, k, self.channels, self.dim_hidden],
initializer = conv_initializer, dtype = dtype)
# 调用 tf.get_variable()函数,以 conv_initializer 为初始化器,获取类型为 tf.float32 的权值,
# 权重矩阵 weights['conv1']的形式为[k, k, self.channels, self.dim_hidden]
# 此函数的用法为 tf.get_variable(name, shape, dtype, initializer)
```

```
          weights['b1'] = tf.Variable(tf.zeros([self.dim_hidden]))
```
借助 tf.Variable()函数生成第 1 个卷积层的权值 weights['b1']
```
          weights['conv2'] = tf.get_variable('conv2', [k, k, self.dim_hidden, self.dim_
hidden], initializer = conv_initializer, dtype = dtype)
```
调用 tf.get_variable()函数,并以 conv_initializer 为初始化器
获取类型为 tf.float32 的权值
权重矩阵 weights['conv2']的形式为[k, k, self.channels, self.dim_hidden]
```
          weights['b2'] = tf.Variable(tf.zeros([self.dim_hidden]))
```
借助 tf.Variable()函数生成第 2 个卷积层的权值 weights['b2']
```
          weights['conv3'] = tf.get_variable('conv3', [k, k, self.dim_hidden, self.dim_
hidden], initializer = conv_initializer, dtype = dtype)
```
调用 tf.get_variable()函数,并以 conv_initializer 为初始化器
获取类型为 tf.float32 的权值
权重矩阵 weights['conv3']的形式为[k, k, self.channels, self.dim_hidden]
```
          weights['b3'] = tf.Variable(tf.zeros([self.dim_hidden]))
```
借助 tf.Variable()函数生成第 3 个卷积层的权值 weights['b3']
```
          weights['conv4'] = tf.get_variable('conv4', [k, k, self.dim_hidden, self.dim_
hidden], initializer = conv_initializer, dtype = dtype)
```
调用 tf.get_variable()函数,并以 conv_initializer 为初始化器
获取类型为 tf.float32 的权值
权重矩阵 weights['conv4']的形式为[k, k, self.channels, self.dim_hidden]
```
          weights['b4'] = tf.Variable(tf.zeros([self.dim_hidden]))
```
借助 tf.Variable()函数生成第 4 个卷积层的权值 weights['b4']

至此,已经完成对 4 个卷积层的拓展。接下来,还需要增加第 5 个卷积层,同时需要考虑数据集是 Mini-ImageNet 数据集或 Omniglot 的情形,核心代码如下。

```
     if FLAGS.datasource == 'miniimagenet':
               # 如果数据集为 Mini-ImageNet,那么
               weights['w5'] = tf.get_variable('w5', [self.dim_hidden * 5 * 5, self.dim_
output], initializer = fc_initializer)
```
调用 tf.get_variable()函数,以 conv_initializer 为初始化器,获取类型为 tf.float32 的权值,
权重矩阵 weights['conv5']的形式为[k, k, self.channels, self.dim_hidden]
```
               weights['b5'] = tf.Variable(tf.zeros([self.dim_output]), name = 'b5')
```
借助 tf.Variable()函数生成第 5 个卷积层的权值 weights['b5']
```
          else:
```
如果数据集为 Omniglot,那么
```
               weights['w5'] = \
tf.Variable(tf.random_normal([self.dim_hidden, self.dim_output]), name = 'w5')
```
此时,首先调用 tf.random_normal()函数
从服从指定正态分布的序列中随机取出[self.dim_hidden, self.dim_output]个数值
借助 tf.Variable()函数生成权重矩阵 weights['w5']
```
               weights['b5'] = tf.Variable(tf.zeros([self.dim_output]), name = 'b5')
```
借助 tf.Variable()函数生成第 5 个卷积层的权值 weights['b5']

```
        return weights
#construct_conv_weights()函数的定义到此结束,共拓展了 5 个卷积层
```

5.3.5　从隐含层拓展

从代码文件 utils.py 调用 conv_block()函数,可以实现元学习网络隐含层的拓展。同时使用到的还有 tf.reduce_mean()函数,用于计算张量第四个隐含层 hidden4 在 tensor 中的[1,2]维度上的平均值,实现降维,隐含层拓展的核心代码如下。

```
    def forward_conv(self, inp, weights, reuse = False, scope = ''):
        #定义 forward_conv()函数,用于隐含层的拓展
        channels = self.channels
# 将 self.channels 赋值给 channels,以便简化下一行代码中的调用形式
        inp = tf.reshape(inp, [ - 1, self.img_size, self.img_size, channels])
#调用 tf.reshape()函数,将输入张量形状改为[ - 1, self.img_size, self.img_size, channels]
        hidden1 = conv_block(inp, weights['conv1'], weights['b1'], reuse, scope + '0')
#调用代码文件 utils.py 里的 conv_block()函数,拓展第 1 个隐含层
        hidden2 = conv_block(hidden1, weights['conv2'], weights['b2'], reuse, scope + '1')
#调用代码文件 utils.py 里的 conv_block()函数,拓展第 2 个隐含层
        hidden3 = conv_block(hidden2, weights['conv3'], weights['b3'], reuse, scope + '2')
#调用代码文件 utils.py 里的 conv_block()函数,拓展第 3 个隐含层
        hidden4 = conv_block(hidden3, weights['conv4'], weights['b4'], reuse, scope + '3')
#调用代码文件 utils.py 里的 conv_block()函数,拓展第 4 个隐含层
        if FLAGS.datasource == 'miniimagenet':
# 如果数据集为 Mini-ImagNnet,那么
            hidden4 = tf.reshape(hidden4, [ - 1, np.prod([int(dim) for dim in hidden4.get_
shape()[1:]])])
#调用 reshape()函数,将张量 hidden4 的形状调整为[ - 1, np.prod([int(dim) for dim in
hidden4.get_shape()[1:]])]
        else:
#否则
            hidden4 = tf.reduce_mean(hidden4, [1, 2])
#调用 tf.reduce_mean()函数,
#计算张量 hidden4 在 tensor 中的[1, 2]维度上的平均值,实现降维
        return tf.matmul(hidden4, weights['w5']) + weights['b5']
#forward_conv()函数的定义到此结束,返回值为第 5 个隐含层的输入
```

5.4　最优化方法

5.4.1　学习日志的拓展

在 5.2.2 节描述的元学习过程与人类的学习过程比较相似,不仅体现了元学习系统为

学习过程所做的准备工作(可以理解为在入学环节大脑的初始化),而且体现了学习过程的预习环节,即通过一次梯度下降,得到递归参数 fast_weights,以用于后续的快速梯度下降。核心学习环节在 5.2.3 节体现为梯度更新的循环执行,每次更新后均会重新计算 fast_weights。为避免在未来面临新任务时重新训练,需要巩固在学习过程中获取的知识。元学习系统提供了学习日志拓展模块,其核心代码如下。

```
#学习笔记整理环节:接续 5.2.3 节,拓展学习日志的内容
            if FLAGS.norm is not 'None':
#如果 FLAGS.norm 非空
        unused = task_metalearn((self.inputa[0], self.inputb[0], self.labela[0], self.labelb[0]), False)
#调用 task_metalearn()函数,初始化 unused
            out_dtype = [tf.float32, [tf.float32] * num_updates, tf.float32, [tf.float32] * num_updates]
#输出类型约定为[tf.float32, [tf.float32] * num_updates, tf.float32, [tf.float32] * num_updates]
            if self.classification:
#如果 self.classification 为 True
                out_dtype.extend([tf.float32, [tf.float32] * num_updates])
#为 out_dtype 拓展类型[tf.float32, [tf.float32] * num_updates]
            result = tf.map_fn(task_metalearn, elems = (self.inputa, self.inputb, self.labela, self.labelb), dtype = out_dtype, parallel_iterations = FLAGS.meta_batch_size)
#调用高阶函数 tf.map_fn(),记录学习日志 result
```

5.4.2 日志读取应用

高阶函数的英文翻译是 high-level function,此处将 task_metalearn()函数当作参数传入,实现学习日志的拓展。此函数还可以实现其他有趣、有用的操作,感兴趣的读者请自行尝试探索。在实际应用中,可以通过如下代码读取和应用学习日志。

```
#第一步,读取学习日志
            if self.classification:
#如果 self.classification 为 True
                outputas, outputbs, lossesa, lossesb, accuraciesa, \
accuraciesb = result
#从学习日志 result 中读取 outputas、outputbs、lossesa、lossesb 以及 accuraciesa
#和 accuraciesb
            else:
#否则
                outputas, outputbs, lossesa, lossesb = result
#从学习日志 result 中读取 outputas、outputbs、lossesa 和 lossesb

#第二步,应用学习日志
```

```
            if 'train' in prefix:
# 请注意函数中的 prefix = 'metatrain_'
                self.total_loss1 = total_loss1 = tf.reduce_sum(lossesa) / tf.to_float\
(FLAGS.meta_batch_size)
# 计算训练总损失 total_loss1,并保存为 self.total_loss1
                self.total_losses2 = total_losses2 = \
[tf.reduce_sum(lossesb[j]) / tf.to_float(FLAGS.meta_batch_size) for j in range(num_
updates)]
# 计算测试总损失 total_losses2,并保存为 self.total_losses2
                self.outputas, self.outputbs = outputas, outputbs
# outputas、outputbs 分别保存为 self.outputas、self.outputbs
                if self.classification:
# 如果 self.classification 为 True
                    self.total_accuracy1 = total_accuracy1 = \
tf.reduce_sum(accuraciesa) / tf.to_float(FLAGS.meta_batch_size)
# 计算总体训练精度 total_accuracy1,并保存为 self.total_accuracy1
                    self.total_accuracies2 = total_accuracies2 = \
[tf.reduce_sum(accuraciesb[j]) / tf.to_float(FLAGS.meta_batch_size) for j in range(num_
updates)]
# 计算总体训练精度 total_accuracies2,并保存为 self.total_accuracies2
```

5.4.3 优化器的拓展

完成训练的元学习模型可以直接应用于新任务,并在新任务的自主学习过程中得到进一步拓展。相对于新任务而言,该模型可以理解为预训练模型,可以通过学习日志得到 self.pretrain_op,其对应代码为 self.pretrain_op = tf.train.AdamOptimizer(self.meta_lr).minimize(total_loss1)。顾名思义,tf.train.AdamOptimizer()函数采用的最优化方法是 Adam 优化算法,此算法在训练过程中会引入二次方梯度校正。此处的优化目标是通过寻找 self.meta_lr 的一个全局最优点,使得 total_loss1 最小化。

Adam 优化算法是一种自适应动量的随机优化方法,被认为是梯度下降算法的拓展。梯度下降是一个点用最快的方式奔向最低位置,而 Adam 优化算法在此基础上拓展了更新步长的方式。此外,MAML 算法程序中还调用了 optimizer.compute_gradients()函数进行梯度计算,此函数的用法为

```
compute_gradients(loss, var_list = None, gate_gradients = GATE_OP, aggregation_method =
None, colocate_gradients_with_ops = False, grad_loss = None)
```

其中,除第一个参数 loss 之外,其他参数均可缺省。优化方法拓展的核心代码如下。

```
            if FLAGS.metatrain_iterations > 0:
# 如果元训练迭代次数大于 0
```

```
                    optimizer = tf.train.AdamOptimizer(self.meta_lr)
# 寻找 self.meta_lr 的一个全局最优点,作为优化器 optimizer
                    self.gvs = gvs = \
optimizer.compute_gradients(self.total_losses2[FLAGS.num_updates - 1])
# 计算 self.total_losses2[FLAGS.num_updates - 1]的梯度,记为 gvs,并保存到 self.gvs 中
```

5.4.4 优化器的应用

在 5.4.3 节中拓展了优化器 optimizer,即借助 optimizer.apply_gradients()函数,调用 apply_gradients 模块,完成张量 gvs 的梯度计算,并用于梯度更新。其中,张量 gvs 是通过调用 tf.clip_by_value()函数生成的。此函数用法为 tf.clip_by_value(tensor, clip_value_min, clip_value_max, name=None)。单词 clip 有修剪的含义,顾名思义,即设置修剪区间,把张量的元素均修剪到固定区间内。如果一个元素比最小值 clip_value_min 小,则替换为最小值;如果比最大值 clip_value_max 大,则替换为最大值。

现在开始优化器 optimizer 的应用,核心代码如下。

```
if FLAGS.datasource == 'miniimagenet':
# 如果数据集为 Mini-ImageNet
                        gvs = [(tf.clip_by_value(grad, - 10, 10), var) for grad, var in gvs]
# 调用 tf.clip_by_value()函数,参考区间[ - 10, 10]修剪 grad,与 gvs 中的变量组合,得到张量 gvs
                self.metatrain_op = optimizer.apply_gradients(gvs)
# 调用优化器 optimizer 中的 apply_gradients 模块,可以完成张量 gvs 的梯度计算
            else:
# 否则
            self.metaval_total_loss1 = total_loss1 = tf.reduce_sum(lossesa) / tf.to_\
float(FLAGS.meta_batch_size)
# 计算训练集上的平均损失,记为 total_loss1,并保存到 self.metaval_total_loss1
            self.metaval_total_losses2 = total_losses2 = [tf.reduce_sum(lossesb[j]) /
tf.to_float(FLAGS.meta_batch_size) for j in range(num_updates)]
# 计算测试集上的平均损失,记为 total_losses2,并保存到 self.metaval_total_losses2

            if self.classification:
# 如果 self.classification 为 True
                self.metaval_total_accuracy1 = total_accuracy1 = \
tf.reduce_sum(accuraciesa) / tf.to_float(FLAGS.meta_batch_size)
# 计算训练集上的平均精度,记为 total_accuracy1 并保存到 self.metaval_total_accuracy1
                self.metaval_total_accuracies2 = total_accuracies2 = [tf.reduce_sum\
(accuraciesb[j]) / tf.to_float(FLAGS.meta_batch_size) for j in range(num_updates)]
# 计算测试集上的平均精度,记为 total_accuracies2 并保存到 self.metaval_total_accuracy1
```

5.4.5 显示优化过程

Tensorflow 的优化过程可以借助 tensorboard 实现,主要是模型训练过程中参数的可

视化。在 MAML 算法程序中,主要用到了 tf. summary() 函数的 scalar 模块。单词 scalar 有标量的含义,顾名思义,tf. summary. scalar() 函数可用于显示标量信息,具体用法为

```
tf.summary.scalar(tags, values, collections = None, name = None)
```

MAML 算法程序中的核心代码仅提供优化结果的显示功能,核心代码如下。事实上,此函数还可以与其他 tf. summary() 函数结合,添加变量到直方图中,生成标量图。

```
    tf.summary.scalar(prefix + 'Pre - update loss', total_loss1)
# 调用 tf.summary.scalar() 函数,显示标量信息 prefix + 'Pre - update loss',数值为 total_loss1
        if self.classification:
# 如果 self.classification 为 True
            tf.summary.scalar(prefix + 'Pre - update accuracy', total_accuracy1)
# 调用 tf.summary.scalar() 函数,显示标量信息 prefix + 'Pre - update accuracy', 数值为 total_accuracy1


        for j in range(num_updates):
# 执行 num_updates 次循环
            tf.summary.scalar(prefix + 'Post - update loss, step ' + str(j + 1), total_
losses2[j])
# 调用 tf.summary.scalar() 函数,显示标量信息(prefix + 'Post - update loss, step' + str(j + 1)),数值
# 为 total_losses2[j]
            if self.classification:
# 如果 self.classification 为 True
                tf.summary.scalar(prefix + 'Post - update accuracy, step ' + str(j + 1),
total_accuracies2[j])
# 调用 tf.summary.scalar() 函数,显示标量信息(prefix + 'Post - update accuracy, step ' + str
(j + 1)),数值为 total_accuracies2[j]
```

5.5 元优化机制

5.5.1 虚拟环境的拓展

在第 1 章安装配置 Anaconda 开发平台,并在第 2 章演示如何在该平台下编辑 Python 程序。这些准备工作有助于理解元优化过程中使用的科学计算包,对调试 MAML 算法的原始代码也是有帮助的。之后,在第 3 章拓展完成 Python + PyCharm 的环境配置,至此已完成代码调试的大部分准备工作。此外,对于 MAML 算法程序的运行,在 PyCharm 中配置环境也是必不可少的。

相关环境配置过程如下。

(1) 在 PyCharm 中打开设置 Settings,如图 5-1 所示。

(2) 选择编译器 Python Interpreter 选项,如图 5-2 所示。

(3) 选择 Add Python Interpreter 选项,如图 5-3 所示。

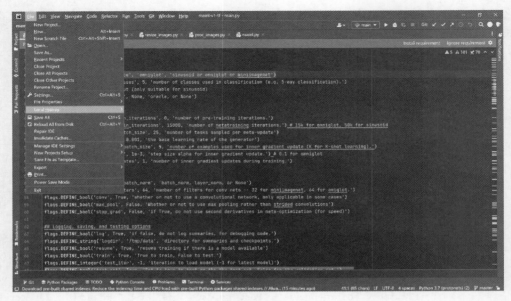

图 5-1　在 PyCharm 中打开设置 Settings

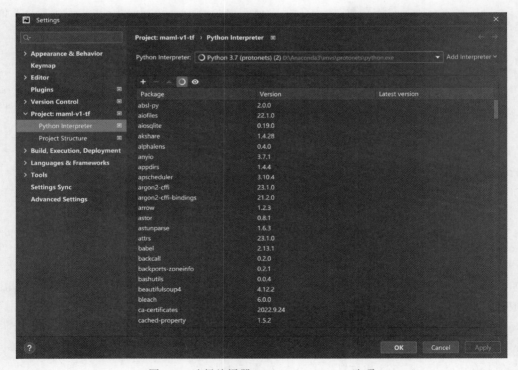

图 5-2　选择编译器 Python Interpreter 选项

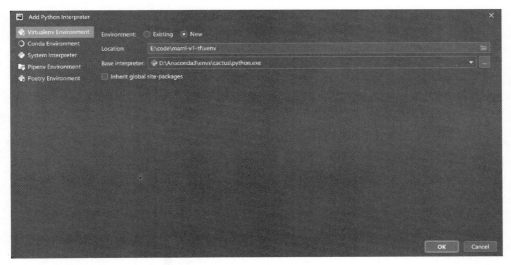

图 5-3　选择 Add Python Interpreter 选项

（4）选择 Existing 选项，返回图 5-4 所示的界面。

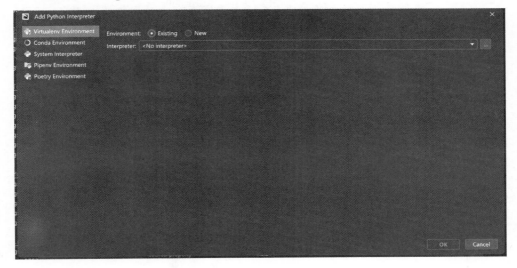

图 5-4　返回原界面

（5）单击最右边 3 个点，查看当前环境，如图 5-5 所示。

（6）找到创建的虚拟环境中的 python. exe。例如，笔者的环境是 ProtoNets，找到该目录下的 python. exe 作为代码编译器，如图 5-6 所示。

（7）单击 OK 按钮进入创建的虚拟环境。

上述配置完成后，就可以下载安装需要补充的科学计算包，完成虚拟环境的拓展了。为帮助读者快速上手，将需要安装的科学计算包整理成文件 requirement. txt，包含在随书附赠的 code 目录中，这是元学习过程中所需要的配置包。事实上，该文件可以放在任何位置，

图 5-5　查看当前环境

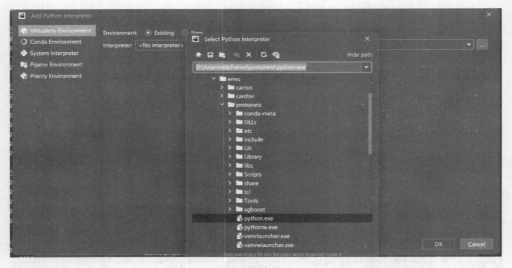

图 5-6　虚拟环境中的 python. exe

也可以放在桌面。考虑读者计算机环境配置的差异,在代码调试过程中可能还需要安装其他少量的科学计算机包。

虚拟环境的拓展,需要安装好 Anaconda 以及 Python 后,才能完成,具体操作如下。

(1) 拓展虚拟环境,其实就是创建新的虚拟环境,使用快捷键 Win+R 打开 CMD(命令行窗口),然后执行路径操作(cd C:\Users\86155\Desktop),进入桌面,并输入 conda create -n mymaml 即可。其中,mymaml 为虚拟环境的名称,也可以根据个人喜好选择。

(2) 在新的虚拟环境中,安装配置包 requirement. txt。

(3) 使用命令 conda activate mymaml 激活虚拟环境,输入 pip install -r requirement.

txt,按 Enter 键执行即可。

5.5.2 模块代码的调试

至此,已经完整分析了元学习中的联合训练问题、任务构建问题、过程建模问题、输入输出问题、应用拓展问题5个相关问题,并以问题描述、建模思路、算法思想、最优化方法和元优化机制为主线,将模型无关元学习的开源代码对应分割为一系列子模块,提供了较为详细的注解。为引导读者快速上手,跑通 MAML 算法代码,现对两个模块的代码进行优化。

经过本书的阅读,读者已成长为学者。从现在开始,可以研究并思考 MAML 算法模型的其他细节,并在此基础上共同探讨如何使现有的元学习代码更加完善。

如果将代码文件 data_generator.py 中的 num_val 修改为5、num_train 修改为 config.get('num_train', 20)-num_val,是否需要对应地同时修改其他模块?请读者尝试自行思考。

相关原始代码如下。

```
num_val = 100
num_train = config.get('num_train', 1200) - num_val
```

修改后,对应代码如下。

```
num_val = 5
num_train = config.get('num_train', 20) - num_val
```

上述修改的初衷:希望在短时间内得到输出结果,所以减少了样本数。

现在,将代码文件 main.py 中优先处理的数据集由 sinusoid 修改为 omniglot。这样修改之后,是否需要对应地同时修改其他模块?如果希望处理 miniimagenet,应如何修改?经过某些特定的修改,有没有可能用 sinusoid 数据集快速得到结果,请读者尝试自行思考。

相关原始代码如下。

```
flags.DEFINE_string('datasource', ' sinusoid ', 'sinusoid or omniglot or miniimagenet')
```

修改后,对应代码如下。

```
flags.DEFINE_string('datasource', 'omniglot', 'sinusoid or omniglot or miniimagenet')
```

上述修改以 Omniglot 数据集为例,其他数据集的修改过程类似。打开代码文件 main.py,如图5-1所示,单击左上角的绿色三角按钮即可进行环境配置。作为最后的彩蛋,代码的后续调试过程留给读者完成。

对于读者在调试过程中遇到的问题,我们将以读者群讨论或资源更新的方式提供解答。

5.5.3　元任务的理解

本书主要介绍了与模型无关的元学习算法,即 MAML 算法。通过对元训练、元测试的代码分析,帮助读者进一步理解了 MAML 算法中的元优化机制。

如果将元学习的训练模型表示为 f,将观测 x 映射到输出 y。不同于机器学习以数据集作为输入,元学习问题是以任务集中的数据集进行输入的,这些任务可以理解为元任务。在本书的结尾,将给出元任务、元训练、元测试的数学定义,以此构建元优化理论,希望有抛砖引玉的作用。感兴趣的读者,可以基于这些数学定义,尝试设计新的元学习算法。

基于上述关于 MAML 算法的研究笔记,对元任务及其包含的参数、函数理解如下。

定义 5-1(元任务)　元任务 $T = \{\mathcal{L}(\theta, \mathcal{D}), \rho(x_1), \rho(x_{t+1}|(x_t, y_t)), H\}$ 主要由损失函数 $\mathcal{L}$、初始观测 x_1 上的分布 $\rho(x_1)$、条件分布 $\rho(x_{t+1}|(x_t, y_t))$ 和状态步长 H 组成。其中,$\mathcal{L}$ 以基础学习器的参数 θ 和数据集 $\mathcal{D}$(学习样本)为输入,ρ 是学习样本的分布函数,x_1 是从 $\mathcal{D}$ 中随机抽取的第一个观测数据。

根据马尔可夫理论,条件分布 $\rho(x_{t+1}|(x_t, y_t))$ 在下文中统称为转移分布。元任务中引入转移分布的意义是使任务中的数据分布大致相同,对数据有一定的约束能力。在元任务的定义中设置步长 H 旨在将强化学习问题与非强化学习问题视为一体,即将非强化学习视为特殊的强化学习。对于非强化学习问题,步长 H 即为 1。根据强化学习理论,状态步长的实质为智能体的行动状态长度。

5.5.4　元训练的机制

元学习是以任务为样本单位训练模型的。元学习算法根据元训练集中的任务数据进行训练学习后,更新模型参数,并在测试集上测试从而使模型具备一定的学习能力。判断一个元学习算法是否具备一定的可行性,关键是看其在测试集上是否能快速学习新任务。

假设元学习模型中的任务均服从 $p(\mathcal{T})$ 的分布,元训练机制的定义如下。

定义 5-2(元训练)　元学习模型的训练阶段称为元训练,此时训练的对象为任务样本。不同于传统机器学习,元训练包含内置训练阶段和内置测试阶段,内置训练和内置测试的对象为数据样本。具体而言,在元训练期间,先从任务分布 $p(\mathcal{T}, \mathcal{D})$ 中随机抽取 N 个任务 $\{(\mathcal{T}_1, \mathcal{D}_{T_1}), (\mathcal{T}_2, \mathcal{D}_{T_2}), \cdots, (\mathcal{T}_i, \mathcal{D}_{T_i}), \cdots, (\mathcal{T}_N, \mathcal{D}_{T_N})\}$,构成元训练样本。然后对每个任务 $(\mathcal{T}_i, \mathcal{D}_{T_i})$,从 $\mathcal{D}_{T_i}$ 中随机抽取 K 个数据样本,作为任务 $\mathcal{D}_{T_i}$ 的内置训练数据集 $\mathcal{D}_{tr\_T_i}^{tr}$。完成内置训练后,会产生内置训练损失 $\mathcal{L}(\theta, \mathcal{D}_{tr\_T_i}^{tr})$,从而根据 $\mathcal{L}(\theta, \mathcal{D}_{tr\_T_i}^{tr})$ 更新模型参数。再从剩余数据中随机抽取 L 个数据样本,作为任务 $\mathcal{D}_{T_i}$ 的内置测试数据集 $\mathcal{D}_{tr\_T_i}^{ts}$,完成内置测试后,会产生内置测试损失 $\mathcal{L}(\phi_i^*, D_{tr\_T_i}^{\text{test}})$,最后将 N 个任务的内置测试损失求和、取平均,得到元训练的整体损失 $W(\theta) = \dfrac{1}{n} \sum \mathcal{L}(\phi_i^*, D_{tr\_T_i}^{\text{test}})$。当 $W(\theta)$ 收敛到极小值时,元训练结束。

5.5.5 元测试的机制

元学习有 3 种常见的方法,分别是学习有效的距离度量、使用(循环)网络与外部或内部存储器以及明确优化模型参数以进行快速学习。本书研究的 MAML 算法,是一种优化模型参数以实现快速学习的方法。模型无关的意思是 MAML 算法适用范围很广,在任意可以通过梯度下降进行优化训练的模型,均可以用该方法。在定义 5-1 和定义 5-2 的基础上,现在可以给出元测试机制的数学定义。

定义 5-3(元测试) 元学习模型的测试阶段称为元测试,元测试的对象为任务样本,其内置训练和内置测试的对象为数据样本。元测试过程如下:先从任务分布 $p(\mathcal{T}, \mathcal{D})$ 中随机抽取 M 个任务 $\{(\mathcal{T}_1, \mathcal{D}_{\mathcal{T}_1}), (\mathcal{T}_2, \mathcal{D}_{\mathcal{T}_2}), \cdots, (\mathcal{T}_j, \mathcal{D}_{\mathcal{T}_j}), \cdots, (\mathcal{T}_M, \mathcal{D}_{\mathcal{T}_M})\}$,构成元测试样本。然后对每个任务 $(\mathcal{T}_j, \mathcal{D}_{\mathcal{T}_j})$,从 $\mathcal{D}_{\mathcal{T}_j}$ 中随机抽取 K 个数据样本,作为任务 $\mathcal{D}_{\mathcal{T}_j}$ 的内置训练数据集 $\mathcal{D}_{ts_{\mathcal{T}_j}}^{tr}$。完成内置训练,得到损失 $\mathcal{L}(\theta, \mathcal{D}_{ts_{\mathcal{T}_j}}^{tr})$ 并更新模型参数。再从剩余数据中随机抽取 L 个数据样本,作为任务 $\mathcal{D}_{\mathcal{T}_j}$ 的内置测试数据集 $\mathcal{D}_{ts_{\mathcal{T}_j}}^{ts}$,完成内置测试,元测试结束。

定义 5-2 和定义 5-3 中的内置训练数据集也称为支持集,内置测试数据集也称为查询集。训练阶段的任务集表示为 $\mathcal{D}_{\text{meta-train}} = \{(\mathcal{D}_{tr\_1}^{tr}, \mathcal{D}_{tr\_1}^{ts}), \cdots, (\mathcal{D}_{tr\_N}^{tr}, \mathcal{D}_{tr\_N}^{ts})\}$,$N$ 为训练任务个数,测试阶段的任务集表示为 $\mathcal{D}_{\text{meta-test}} = \{(\mathcal{D}_{ts\_1}^{tr}, \mathcal{D}_{ts\_1}^{ts}), \cdots, (\mathcal{D}_{ts\_M}^{tr}, \mathcal{D}_{ts\_M}^{ts})\}$,$M$ 为训练任务个数,每个训练任务集可以表示为 $\mathcal{D}^{tr} = \{(x_1^{tr}, y_1^{tr}), \cdots, (x_K^{tr}, y_K^{tr})\}$,$K$ 为训练样本数。同理每个测试任务集可以表示为 $\mathcal{D}^{ts} = \{(x_1^{ts}, y_1^{ts}), \cdots, (x_L^{ts}, y_L^{ts})\}$,$L$ 为测试样本数。

对非强化学习问题的某个具体任务样本而言,假设其数据集 $\mathcal{D}$ 由 k 个输入、输出对 $(x_1, y_1)^k$ 组成,即 $\mathcal{D} = \{(x_1, y_1)^k\}$。其中,下标 1 表示行动状态步长 H 为 1。而对于强化学习问题,模型 f 可以通过在每个时刻 t 对应输出的 $\hat{y}_t$ 来生成长度为 H 的样本数据,从而模型生成的轨迹传递给损失函数的数据集为 $\mathcal{D} = \{(x_1, \hat{y}_1, \cdots, x_H, \hat{y}_H)^k\}$,其中 k 为训练样本数。

提供上述数学形式的描述,希望可以起到抛砖引玉的作用。期待与读者共同努力,探索 MAML 算法的工程应用,发展新的元学习理论。复杂的数学推导是元学习模型的理论基础,也是算法设计的具体表现形式。目前,我们已经初步实现部分理论的创新,并将通过下一本书分享给读者。

后　记

　　智能技术的本质是优化和控制。优化依赖于对数据的学习,而服务于控制。控制技术的发展则是关系到综合国力的根本。因此,人工智能中的数据学习问题一直都是研究热点。在过去数十年间,已经涌现出一系列的数据产品。然而,每个行业每天都在产生更多的数据,大多数数据并没有形成产品,因此无法被有效利用,这也是当前我国乃至全球智能技术发展的痛点。传统的机器学习算法需要太多的人工参与,导致数据产品的形成需要巨大的工作量。本书研究的模型无关元学习(MAML)算法不仅提供了一种训练方式,而且也提供了一种可能性:既然可以借助智能技术手段完成数据集的制作,并能自主实现任务构建与联合训练,那么未来就有可能通过该算法的自主学习过程直接获得数据产品。

　　如果这一可能转化为现实,那么元学习的研究将引发新的工业革命。事实上,MAML算法提供的训练方式也进一步发展了最优化理论。这种训练方式将最优化方法应用于元学习,从而实现了元优化。这也是本书名称的由来。

　　我们试图以庖丁解牛的方式,完成 MAML 算法程序的模块分割,并描述其中的核心问题、建模思路、算法思想、最优化方法和元优化机制。如果循规蹈矩地安排章节,可以直接将这 5 项内容分别单独作为一章撰写,但读者阅读起来将比较枯燥。为提升读者的阅读体验,并逐步引导其对元学习的研究兴趣,我们将上述每项内容分解到各章,从而每章均包含上述5 部分内容。如此安排,确保了初学者能有信心在短时间内读完本书,并收获进步的喜悦。诚然,读者也可以根据自己的习惯,集中阅读每章的同一项内容。

　　其他读者可以采取不同的阅读方式,同样会得到愉悦的体验! 如果读者已经在计算机上配置了 Python＋PyCharm 或 Anaconda,那么,在阅读过程中请直接跳过前 3 章编程平台搭建与开发环境配置的部分。有部分编程基础的读者,在代码注释环节也可以跳过部分内容,具体取决于自己对相关 Python 编程技巧、函数用法的熟悉程度。本书主要面向初学者,如果您不仅编程功底扎实,而且已经对 MAML 算法程序进行过深入地研究,请参考其他书籍。

　　欢迎读者扫描本书封面二维码添加笔者微信,并关注团队后续出版的元学习相关书籍!我们将建立读者群,并通过与读者之间的互动互助,一起成长,共同进步!

王文峰

2024 年 9 月 26 日